"创新设计思维"
数字媒体与艺术设计类新形态丛书

微 | 课 | 版

移动 UI 交互设计 与动效制作

刘伦 王璞 ◎ 主编

U0233629

人民邮电出版社
北 京

图书在版编目（CIP）数据

移动UI交互设计与动效制作：微课版 / 刘伦，王璞
主编. -- 北京：人民邮电出版社，2023.4（2024.3重印）
（"创新设计思维"数字媒体与艺术设计类新形态丛
书）
ISBN 978-7-115-60985-4

Ⅰ. ①移… Ⅱ. ①刘… ②王… Ⅲ. ①移动终端－应
用程序－程序设计 Ⅳ. ①TN929.53

中国国家版本馆CIP数据核字(2023)第007962号

内 容 提 要

本书循序渐进地讲解移动UI交互设计与动效制作的相关知识与技巧，内容丰富，结构严谨，图文并茂。全书共5章，包括移动UI交互设计基础、UI元素交互设计、交互设计与用户体验、UI元素交互动效和界面交互动效。本书对大量典型案例进行讲解，并配套微课教学视频，以帮助读者全面提升交互设计水平。

本书可作为高等院校UI交互设计与动效制作相关课程的教材，也适合UI交互设计与动效制作初学者自学使用，还可以作为从事UI交互设计与动效制作相关工作的人员的参考书。

◆ 主　　编　刘　伦　王　璞
　　责任编辑　韦雅雪
　　责任印制　王　郁　陈　犇

◆ 人民邮电出版社出版发行　　北京市丰台区成寿寺路 11 号
　　邮编　100164　　电子邮件　315@ptpress.com.cn
　　网址　https://www.ptpress.com.cn
　　北京捷迅佳彩印刷有限公司印刷

◆ 开本：787×1092　1/16
　　印张：14.25　　　　　　　　　2023 年 4 月第 1 版
　　字数：364 千字　　　　　　　 2024 年 3 月北京第 2 次印刷

定价：89.80 元

读者服务热线：(010)81055256　印装质量热线：(010)81055316
反盗版热线：(010)81055315
广告经营许可证：京东市监广登字 20170147 号

前 言 PREFACE

从用户角度来说，交互设计本质上是一种让产品易用、有效且给人愉悦感的技术。它致力于了解目标用户和他们的期望，了解用户在与产品交互时的行为，并服务于用户。在用户与产品的交互过程中加入动效设计，能够有效提升用户的交互体验。在UI交互设计中为产品加入适当的动效设计已成为一种趋势。

本书紧跟当前发展趋势，结合大量典型案例向读者详细介绍移动UI交互设计与动效制作的相关知识，使读者能够在UI设计中灵活应用交互设计，并且能够在界面中实现各种不同的交互动效，真正做到学以致用。

本书内容安排

本书共5章，由浅入深地对移动UI交互设计与动效制作的相关知识进行讲解。

第1章——移动UI交互设计基础。本章向读者介绍UI设计和移动UI交互设计的基础知识，使读者对移动UI交互设计的概念、基本内容和基本流程等有全面、深入的理解。

第2章——UI元素交互设计。本章向读者介绍移动UI交互设计的细节与表现方式，使读者理解并掌握界面中不同UI元素的交互表现形式，从而有效地提升界面的交互表现效果。

第3章——交互设计与用户体验。本章向读者介绍交互设计与用户体验的相关知识，使读者理解交互设计与用户体验之间的关系，并掌握通过出色的交互设计来提升产品的用户体验的方法。

第4章——UI元素交互动效。本章向读者介绍不同UI元素交互动效的表现方式，并通过案例的讲解，使读者掌握UI元素交互动效的制作方法和表现方法。

第5章——界面交互动效。本章向读者介绍界面交互动效的相关知识，并通过案例的讲解，使读者掌握界面交互动效的制作方法。

本书特点

本书立足于院校教学，在内容的安排与写作上具有以下特点。

（1）内容丰富，循序渐进

本书几乎涵盖了移动UI交互设计与动效制作各方面的知识，充分考虑移动UI交互设计与动效制作初学者可能遇到的困难，讲解全面、细致，内容循序渐进，帮助读者提高学习效率。

（2）学练一体，实用性强

本书将基础知识与案例操作相结合，使读者在掌握知识要点后，能够在完成案例的过程中更清晰地掌握移动UI交互设计的方法和动效制作的技巧。同时，每章末提供了多种题型的练习题，帮助读者巩固所学知识。案例、练习均与设计实践紧密结合，具有很强的实用性。

（3）图文结合，资源丰富

本书采用图文结合的方式进行讲解，以图析文，使读者能更直观地理解理论知识。同时，本书提供了丰富的教学资源，读者可登录人邮教育社区（www.ryjiaoyu.com），在本书页面中免费获取教学课件、案例素材、案例效果文件、教学大纲等。本书还配有微课教学视频，读者扫码即可观看。

本书由刘伦、王璞主编。由于编者水平有限，书中难免有疏漏之处，请广大读者批评、指正。

编　者

2022年8月

目 录

CONTENTS

CONTENTS

CONTENTS

CONTENTS

第1章

移动UI交互设计基础

UI是用户与智能设备系统应用交互的窗口。移动UI交互设计必须基于智能移动设备的物理特性和系统应用的特性。随着基于交互设计的互联网产品越来越多地被投入市场,很多新的互联网产品也大量融合了交互设计,从而给用户带来更好的交户体验。

本章将介绍UI设计和移动UI交互设计的基础知识,使读者对移动UI交互设计的概念、基本内容和基本流程等有一个全面、深入的了解。

1.1 了解UI设计

随着网络的不断发展,智能手机和平板电脑等智能移动设备越来越普及,已成为与用户交互最直接的载体。UI,即User Interface,中文为用户界面,其主要包括软件界面和人机交互界面等。UI在人们的日常生活中随处可见。什么是UI设计?本节将向读者介绍有关UI设计的基础知识。

1.1.1 什么是UI设计

UI设计是指对软件的人机交互、操作逻辑、界面美观3个方面的整体设计。好的UI设计不仅可以让软件变得有个性、有格调,还可以使用户的操作变得更加舒服、简单、自由,从而充分体现产品的定位和特点。UI设计的范畴比较广泛,包括软件UI设计、网站UI设计、游戏UI设计、移动UI设计等。图1-1所示为软件UI设计示例。

图1-1　软件UI设计示例

UI设计不仅仅是单纯的美术设计,更是纯粹、科学的艺术设计。它需要定位使用者、使用环境、使用方式,最终为用户而设计并为用户服务。一个友好、美观的界面会给用户带来舒适的视觉享受,拉近人机之间的距离。所以UI设计需要和用户研究紧密结合,是一个设计令目标用户满意的视觉效果的过程。

1.1.2 移动UI设计

目前,智能移动设备已经成为人们日常生活中不可缺少的一部分。各种类型的App层出不穷,极大地丰富了智能移动设备的应用场景。智能移动设备的用户不仅希望移动设备的软、硬件拥有强大的功能，还希望操作界面具有很强的直观性、美观性，并且希望能获得轻松、愉快的操作体验。

移动UI作为智能移动设备操作系统中人机交互的窗口，其重要性不言而喻。这就要求UI设计师必须先对智能移动设备的系统性能有所了解。

如今，智能手机已经成为人们生活中的必需品。随着智能手机的功能越来越强大，很多高端智能手机的性能甚至可媲美计算机。移动UI设计最核心的要求就是人性化，移动UI不仅要便于用户操作，其操作界面还要美观大方。图1-2所示为移动UI设计示例。

图1-2 移动UI设计示例

> **提示**
>
> 移动UI设计不仅需要运用客观的设计思想，还需要运用科学、人性化的设计理念。如何在本质上提升产品UI的设计品质？这不仅需要考虑到界面的视觉设计，还需要考虑到人、产品和环境三者之间的关系。

1.1.3 移动UI设计的特点

与其他类型的UI设计相比，移动UI设计有着更多的局限性和独特性。这种局限性主要来自智能移动设备的屏幕尺寸。这就要求设计师在着手设计之前，必须先对将要使用的智能移动设备进行充分的了解和分析。

总体来说，移动UI设计具有以下4个特点。

* 移动UI交互过程不宜设计得太复杂，交互步骤不宜设计得太多。这样可以提升操作的简易性，进而提高操作效率。

* 智能移动设备的屏幕相对较小，能够支持的色彩比较有限，可能会无法正常显示颜色过于丰富的图像，所以界面中使用的元素要尽可能简洁。时下流行的扁平化风格可谓将这点贯彻到了极致。

* 不同型号的智能移动设备支持的图像格式、音频格式和动画格式可能不一样，所以在设计之前要充分搜集资料，选择尽可能通用的格式，或者对不同的设备进行合理的配置。

* 不同型号的智能移动设备的屏幕比例可能不一致，所以设计时还要考虑图片的自适应问题和界面元素的布局问题。

> **提示**
>
> 通常来说，设计移动UI时会先按照最常用、最大尺寸的屏幕进行，然后分别为不同尺寸的屏幕各出一套图，以便设计的界面在大部分智能移动设备屏幕中都可以正常显示。

1.2 了解移动UI交互设计

交互设计（Interaction Design）作为应用哲学的一个分支，从人类诞生之初就产生了。人和人之间、人和物之间都可以产生交互行为。

1.2.1 什么是交互

交互即交流互动。人们在大街上遇到熟人打招呼时，通过简单的几句话，搭配相应的眼神和一些动作，即可向对方传递礼貌、亲近等诸多含义，这就是人与人之间交互的表现。

那么人和机器之间的交互是什么样的呢？举个例子，如果你想解锁一部手机，你与手机交互的场景可能如下。

* 按Home键。
* 手机屏幕亮了，但需要输入解锁密码。
* 输入密码。
* 手机解锁成功，进入主界面。

通过上面人与手机交互的场景，我们可以这样来理解交互：当人和人、机器、系统或环境等发生双向的信息交流和互动时，交互就产生了。

需要注意的是，这种交流和互动必须是双向的。如果只有一方的信息输出，而没有另一方的信息接收，那么这只是信息展示而不是交流互动。

图1-3所示为常见的登录表单交互设计。当用户在登录框中输入信息后，登录表单会给用户相应的反馈，特别是当用户输入错误信息时，登录表单会根据错误的类型给用户相应的提示。这种人与界面之间的信息交流就是交互。

图1-3　常见的登录表单交互设计

1.2.2 什么是交互设计

交互设计又称为互动设计，是指设计人与产品或服务互动的一种机制。交互设计用于定义产品（软件、智能移动设备、人造环境、服务、可穿戴设备以及系统的组织结构等）在特定场景下的反应方式。对界面和用户行为进行交互设计，让用户使用设置好的步骤来完成目标，这就是交互设计的目的。

从用户角度来说，交互设计是一种让产品易用、有效且让人感到愉悦的技术，它致力于了解目标用户和他们的期望，了解用户在同产品交互时的行为，了解"人"本身的心理和行为特点。同时它还致力于了解各种有效的交互方式，并对它们进行增强和扩充。交互设计还涉及多个学科，以及和交互设计领域人员的沟通。

本书所介绍的智能移动设备中的UI交互设计，主要是人与智能移动设备应用软件之间的交互行为的设计。图1-4所示为某社交类App的UI交互设计。

当用户在界面中通过滑动切换人物图片时，App会采用模拟现实世界中卡片滑动的效果来表现交互效果，给用户带来较强的视觉动感，也为用户在App中的操作增添了乐趣。

图1-4 某社交类App的UI交互设计

1.2.3 移动UI交互的特点

由于屏幕受限、输入受限，并且在移动场所中也有一些设计上的使用受限，因此智能移动设备与基于PC端的互联网产品在UI交互上有所区别。表1-1所示为智能移动设备与PC在UI交互上的区别。

表1-1 智能移动设备与PC在UI交互上的区别

	智能移动设备	PC
输入	触摸操作	鼠标/键盘操作
输出	较小的移动设备屏幕	较大的显示器屏幕
风格	受硬件和操作平台的限制	受浏览器和网络性能的限制
使用场景	室内、户外、车内、横竖屏等多种场景	家、办公室等室内场所

智能移动设备界面的操作比传统PC界面复杂，用户需要了解其所基于机型的硬件情况才能确定如何操作。移动UI需要与传统UI有不同的导航形式。受限于屏幕空间，设计师需要在移动UI的操作流程缩减方面倾注更多的精力；受限于硬件和操作逻辑，设计师需要在移动UI的控件、组件释义方面倾注更多的精力。

移动设备携带方便，可以在户外使用，因此更容易与外部环境（包括其他信息系统）进行交互和信息智能交换。此外，智能移动设备一般都有特殊的硬件功能和通信功能，如支持GPS定位、支持摄像头、支持移动通信等。图1-5所示为移动UI交互应用。

移动地图应用使用了移动端特有的地理位置定位功能，能够随时随地展示用户当前所处的位置，并且为用户提供导航、公交、地铁、出租、周边餐厅等多方面的交互功能，非常方便。

图1-5　移动UI交互应用

1.2.4　了解交互设计师

许多人认为，交互设计师就是画流程图、线框图的。其实这种认识非常片面，因为流程图和线框图虽然确实是交互设计的一种表现方式，但这些可视化产物之外的东西，即设计师所进行的思考工作被忽略掉了。

图1-6所示为交互设计师的相关工作的描述。

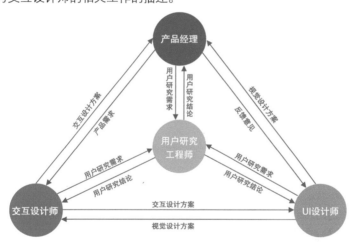

图1-6　交互设计师的相关工作的描述

1.　产品经理

产品经理负责产品需求的收集、整理、归纳、深入挖掘，组织人员进行需求讨论与产品规划，与UI设计师、交互设计师、开发人员、运营人员进行沟通，推进、跟踪产品从开发到上线的过程，待产品上线后再根据运营人员收集的用户反馈、需求，进行下一版本的开发。

2.　用户研究工程师

用户研究工程师负责进行产品的问卷调查，收集大量的用户反馈数据，不断完善产品，给用户带来更好的体验。一般大型互联网公司才会有用户研究工程师这个职位。

3.　交互设计师

对一个产品进行编程设计之前需要做的工作就是交互设计，以及确定交互模型、交互规范。

交互设计师主要负责对产品进行行为设计和界面设计。行为设计是指用户在产品中进行各种操作后的效果设计，界面设计包括界面布局、内容展示等众多界面展现方式的设计。

4．UI设计师

目前，国内大部分的UI设计师都是从事界面研究工作的图形设计师，也被称为"美工"。但实际上他们并不是单纯意义上的美术工作者，而是软件产品的外形设计师。

UI设计师需要基于对产品设计需求的良好理解能力，完成视觉设计方案，通过团队协作确定产品整体界面视觉风格的创意规划，基于概念设计配合团队高效地开展系统化的详细视觉设计。

提 示

在产品设计初期，最先要解决的是"有没有"的问题，其次才是"好不好"的问题。用户研究工程师和交互设计师解决的正是"好不好"的问题。所以很多创业型公司和小型公司在进行职位精简时，一般首先精简的是用户研究工程师，其次是交互设计师。另外，很多公司让产品经理或UI设计师兼做交互设计的工作。

1.3
移动UI交互设计需要考虑的内容和用户因素

如果说产品的UI设计是"形"，那么交互设计就是"法"。只有将"形"与"法"相融合，才能提升产品的用户体验。

1.3.1 需要考虑的内容

在进行移动UI交互设计时，交互设计师需要考虑的内容很多，具体如下。

1．功能是否需要

当看到策划文案中的一个功能时，要确定该功能是否需要，了解有没有更好的方式将其融入其他功能中，直至确定必须将其保留。

2．功能的表现形式

功能的表现形式会直接影响到用户与界面的交互效果。例如提问功能，必须使用文本框吗？单选列表框或下拉列表是否可行？是否可以使用滑块？

3．功能按钮的大小、位置和外形

功能按钮在移动应用界面中的位置、大小和外形会影响到其内容的展示。一个好的功能按钮设计既能节省屏幕空间，又不会给用户带来操作上的麻烦。

4．合理的交互方式

为各种功能选择恰当的交互方式，有助于提升整个界面设计的品质。例如，对一个文本框来说，是否需要添加辅助输入和自动完成功能？数据采用何种对齐方式？选中文本框中的内容时是否显示插入光标？这些内容都是交互设计师要考虑的。图1-7所示为移动UI中合理的交互方式设计。

1.3.2 需要考虑的用户因素

在进行移动UI交互设计时，交互设计师可以充分发挥自身的想象力，使界面在方便操作的前提下更加丰富美观。但是无论怎么设计，都要考虑一些用户因素，如地域文化、操作习惯等。总之，站在用户的角度进行设计是非常重要的。

在该移动 UI 交互设计中，对主要的信息内容使用了具有特殊背景颜色的选项卡突出显示。在界面中可以对选项卡进行左右滑动，当点击某个选项卡时，会从当前位置放大选项卡并切换至对应的信息界面。这种交互方式非常合理且便于用户理解和操作。

图1-7 移动UI中合理的交互方式设计

在进行移动UI交互设计时，需要考虑以下几个用户因素。

1. 用户的文化背景及习惯

在进行移动UI交互设计时，要考虑用户群的文化背景及习惯。如果忽视了这两点，不但会使产品难以被用户接受，还可能使产品形象大打折扣。

2. 用户群的特定需求

在进行移动UI交互设计时，要考虑用户群的特定需求。例如，为老年人用户设计移动UI时，要选择较大的界面字体；为盲人用户设计移动UI时，要在触觉和听觉上着重设计。如果不考虑用户群的特定需求，任何一款产品都注定会失败。

3. 用户的浏览习惯

用户在浏览产品界面的过程中，通常有一些特定的浏览习惯。例如，首先会横向浏览，下移一段距离后会再次横向浏览，最后会在界面的左侧快速纵向浏览。用户的这些浏览习惯一般不会更改，在设计时最好先遵循用户的习

大多数社交聊天类 App 的界面会使用对话框或者气泡的形式来呈现信息。这种设计形式可以避免打断用户的操作，并且更加符合用户的行为习惯。

图1-8 考虑用户的浏览习惯的UI交互设计

惯，然后再在细节上进行优化。图1-8所示为考虑用户的浏览习惯的UI交互设计。

1.3.3 交互设计与用户体验

移动UI交互设计中的用户体验是一种"自助式"体验，没有可供事先阅读的说明书，也没有任何操作培训，完全依靠用户自己去寻找互动的途径。即便用户被困在某处，也只能自己想办法。因此，移动UI交互设计极大地影响了移动应用产品的用户体验。好的交互设计应该尽量避免给用户的使用带来任何困难，且能够在出现问题时及时提醒并尽快帮助用户解决问题，从而保证用户的感官、认知、行为和情感体验达到最佳。

反之，用户体验又对交互设计起着非常重要的指导作用，是交互设计的首要原则和检验标准。从了解用户的需求入手，到分析各种可能的用户体验，再到最终测试用户体验，应该将对用户体验的关注贯穿于交互设计的全过程。即便是一个小小的设计决策，交互设计师也应该从用户体验的角度进行思考。

1.4
移动UI交互设计的基本流程

交互设计师通常关注的是产品设计的实现层面，即如何解决问题。解决问题的过程并非一蹴而就，其输出物也不单单是一个设计方案。这就要求交互设计师必须通过分析得到解决方案，同时了解对应的衡量指标、要达到的预期效果。

图1-9所示为常见的移动UI交互设计的基本流程。如果忽略前期的需求分析、操作流程设计、信息架构设计等核心步骤，直接进入产品原型设计阶段，那么得到的将是一个缺乏严谨分析过程和设计目标指导的方案，自然也不是一个出色的产品交互设计方案。

| 需求分析 | 详细的需求分析是记录产品从概念变成真正可设计、可开发的文档。它需要向项目组的成员清楚地传达需求的意义、功能的定义和详细的规则。需求分析中需要包括产品功能概述、功能结构概述、功能详细描述、简单的交互原型等内容。 |

| 操作流程设计 | 操作流程主要是指产品的界面流程，对用户在产品中按照怎样的路径去完成任务进行设计，通过设计提高任务的完成效率。 |

| 信息架构设计 | 信息架构设计主要是指对产品的内容结构和导航系统进行设计，从而使用户在使用产品的过程中能更方便地找到需要的内容。 |

| 原型设计 | 原型设计主要是指通过线框图来表现产品的界面信息布局、界面信息内容的优先级以及交互的细节。 |

| 生成交互文档 | 完成前面的步骤之后生成完整的交互文档，将交互文档发送给项目组中的成员，项目组中的成员按照交互文档来完成相应的内容，包括产品UI的视觉设计以及程序功能的开发。 |

图1-9　常见的移动UI交互设计的基本流程

1.5
需求分析

需求分析是移动UI交互设计的第一步，那么需求又从何而来呢？

1.5.1　主动需求与被动需求

产品需求通常有两种来源，即主动需求与被动需求，如图1-10所示。

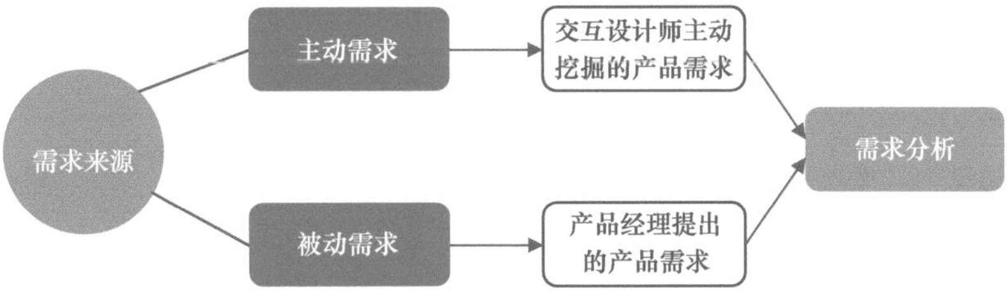

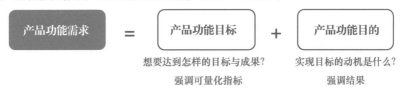

图1-10 主动需求与被动需求

主动需求即交互设计师主动挖掘的产品需求。交互设计师采用数据分析、用户调研、用户反馈收集、可用性测试等手段，挖掘出产品需求，并经过与产品经理沟通、确认，通过需求分析提炼出设计目标，进而输出解决方案。

被动需求即产品经理提出的产品需求。交互设计师需要与产品经理沟通，确认需求的可行性，然后通过需求分析提炼出设计目标，进而输出解决方案。

1.5.2 需求分析的流程

产品的需求分析包含分析功能需求、分析用户需求、明确用户目标、提炼设计目标4个阶段。

1. 分析功能需求

功能需求分析就是基于产品的主要功能，探讨如何解决用户的痛点、可能遇到的问题，怎样满足用户对某方面功能的需求，从而实现商业目的。产品功能需求强调方案设计的阶段性成果和最根本动机，由产品功能目标和产品功能目的构成，如图1-11所示。

产品功能需求 **=** **产品功能目标** **+** **产品功能目的**

想要达到怎样的目标与成果?   实现目标的动机是什么?

强调可量化指标   强调结果

图1-11 功能需求分析

2. 分析用户需求

功能相同的产品可能有很多，用户为什么要选择我们的产品？首先是产品满足了用户对某些功能的需求，为用户解决了某些问题，其次是产品能够为用户带来更好的体验。

（1）目标用户

需要先确定产品的目标用户，产品满足的是目标用户的需求，所以分析的也是目标用户的需求。

（2）用户画像

通过访谈、问卷、现场观察等方法获取一些真实用户的信息、特征、需求，并提炼出一组典型用户的描述，用以帮助分析用户需求和设定用户体验目标。

（3）场景分析

结合用户画像中典型用户的信息、特征、需求，构建典型用户的使用场景。通过构建使用场景，可以发现典型用户在该场景下的思考过程和行为，并且可以得知在该场景下理想的使用体验是怎样的。这为分析用户需求和设定用户体验目标提供了重要依据。

3. 明确用户目标

结合目标用户的特征、典型使用场景、思考过程和行为，分析得出用户需求和用户体验目标。

表1-2所示为获取注册功能的用户体验目标。

表1-2　获取注册功能的用户体验目标

用户需求	使用场景	思考过程和行为	用户体验目标	衡量指标
流畅的注册流程	首次使用本产品	填写注册信息并提交	快速地了解并开始体验产品	注册用户数量

4. 提炼设计目标

设计师设计移动应用产品时，通常是通过"创造动机、排除担忧、解决障碍"这三大关键因素来提炼设计目标的。

* 动机：用户使用产品前的动机（可以满足用户什么需求）。
* 担忧：用户使用产品前可能存在的担忧。
* 障碍：用户在使用过程中可能遇到的障碍。

通过对产品功能目标和用户体验目标的分析，得到用户的动机、担忧、障碍等关键因素，并针对每个因素给出解决方案，即可提炼出设计目标。

1.6
操作流程设计

如果一个产品的需求分析是正确的，但是目标用户依然觉得产品并不好用，那么大多是因为用户在操作流程上遇到了困难。良好的操作流程设计可以使产品的使用过程更加流畅，操作更加便捷。

1.6.1 操作流程的分类

移动UI交互设计中的操作流程可以分为3种类型，分别是渐进式、往复式和随机式。

1. 渐进式

当用户使用产品有明确的任务时，如"使用电商App购买一部iPhone13"。这是一个非常明确的任务，用户的操作流程是：打开电商App → 搜索iPhone13 → 浏览搜索结果→ 选择店铺或商品 → 浏览商品详情页面 → 加入购物车 → 进入购物车 → 确认订单 → 付款。该操作流程是线性的，即渐进式的。因此，任务很明确的操作流程称为渐进式操作流程。

2. 往复式

当用户想购买一部手机，但还不确定具体的品牌或型号时，这个任务便是模糊的。用户会在搜索界面和商品详情页面之间来回切换，以便通过对比找到合适的手机。这时用户的操作流程是：打开电商App → 搜索手机产品 → 浏览搜索结果 → 查看商品详情 → 返回搜索结果界面 →查看其他商品详情。找到心仪的手机便完成付款，没有找到心仪的手机便放弃任务。这种来回切换界面、对比信息的操作流程是往复式的，即任务相对模糊时的操作流程是往复式的。

3. 随机式

你是否有这样的情况：不想买东西，只是想打开电商App逛逛。相信很多人都有这样的情况。这个时候你会干什么？你可能会打开电商App，在各个界面中不停地寻找和浏览自己感兴趣的商品，几乎没有规律。这时的操作流程就是随机式的。

1.6.2 操作流程的设计原则

操作流程不符合用户心理模型、操作路径过长、操作路径过于烦琐等，都会影响用户对产品的使用。本小节将介绍操作流程的一些设计原则。

1. 减少用户操作

在进行产品的操作流程设计时，要尽量减少用户完成某项任务所要经历的流程数量，从而帮助用户尽可能快地完成任务，为用户带来便捷的操作体验。图1-12所示为减少用户操作的流程设计。

在地图导航类产品的设计中，起始地点的默认值为"我的位置"。产品通过给出默认值的形式，省略了用户输入起始地点的操作，而不是每次都让用户手动输入起始地点。当输入目标地点时，产品会使用下拉列表的形式将联想搜索结果展现出来，使用户可以直接在其中选择目标地点。这样的设计，能够有效减少用户要经历的流程数量。

图1-12 减少用户操作的流程设计

2. 为用户提供操作反馈

交互就是人和系统进行互动的过程。当用户通过点击、滑动、输入等操作告诉系统要执行的操作时，系统应该通过动态表现、切换界面、弹出提示信息等方式来对用户的行为进行反馈。图1-13所示为系统提供操作反馈的设计。

3. 降低操作难度

在进行产品交互设计时，使用可选项代替文本输入、使用指纹代替密码输入、使用第三方登录代替邮箱登录、将操作区域放置在拇指热区、将可点击区域做得比图标大、使用滑动操作代替点击操作等都是为了降低用户的操作难度，以便用户在使用产品时能更快地完成目标操作。图1-14所示为降低用户操作难度的移动UI交互设计。

4. 减少用户等待时间

用户执行某个操作后，总是希望能得到及时的回应，如果等待时间过长，就很容易出现焦躁的情绪，从而放弃任务。但是现实中，由于硬件性能、网络情况、技术等原因，系统难免会出现反应时间过长的情况，这个时候可以通过异步处理和预加载的机制减少用户的等待时间，实在减少不了则可以用动画等形式缓解用户在等待过程中产生的负面情绪。图1-15所示为碎片清理功能的动效设计。

在该在线订票选座 App 界面的交互设计中，不同状态的座位使用了不同的颜色进行区分。当用户在界面中点击座位时，所选择的座位会通过颜色的变化及时给用户提供操作反馈，非常直观。

在该购物类 App 中，当用户将商品加入购物车时，购物车图标会出现晃动提醒，并且购物车右上角的数量图标也会发生变化，以提醒用户当前购物车的状态发生了变化。

图1-13 系统提供操作反馈的设计

许多产品的登录界面都提供了使用第三方账号登录的功能，这些第三方账号通常都是拥有庞大用户量的社交软件账号。这样可以方便用户进行快速登录，避免用户进行注册操作。

该金融类 App 的支付界面为用户提供了两种支付方式，一种是传统的输入支付密码支付方式，另一种是指纹支付方式，该支付方式只需要验证指纹，省略了输入支付密码的操作，更加方便。

图1-14 降低用户操作难度的移动UI交互设计

为碎片清理功能界面设计动画效果，能够缓解用户在等待过程中产生的负面情绪，并且该界面还提供了清理百分比的文字提示信息，这种及时的反馈也能够有效缓解用户的焦躁情绪。

图1-15 碎片清理功能的动效设计

5. 不轻易中断用户操作

在用户使用产品的过程中，如果突然弹出一个临时对话框，提示软件需要更新或者要求用户去应用商店评价软件，就容易使用户产生抵触情绪。如果一定要通过临时对话框提示用户去执行某个操作，就必须选择一个合适的时机，如将软件更新提示的出现时间设在用户刚打开App的时候。图1-16所示为不中断用户操作的信息提示。

提示用户新版本更新
了哪些内容，并将选
择权交给用户，用户
既可以选择马上更
新，也可以选择暂时
不更新。

将软件更新提示的出现时间设在用户刚打开 App 的时候，
是因为此时用户并没有开始执行某个任务，所以不存在中
断任务流程的情况。用户可以选择更新软件，或者跳过更
新软件继续执行相应的任务。

使用消息提示框，可
以很好地提示用户当
前有新的消息，并且
不会中断用户当前的
操作。

如果只是提示用户，并不需要用户执行某个
操作，可以用消息提示框代替对话框。这种
方式既提示了用户，也不会中断用户的操作。

图1-16　不中断用户操作的信息提示

1.7 信息架构设计

信息架构设计可以帮助用户从产品包含的大量数据中快速地查找和获取到需要的信息。越是以信息查询、获取、消费、生产等为核心业务的产品，信息架构就越显得重要。所以，大部分的新闻资讯App、电商App、社交App等都需要考虑信息架构的问题。

1.7.1 信息架构概述

信息架构（Information Architecture，IA）是在信息环境中影响系统组织、导览及分类标签的组合结构。简单来说，信息架构就是对信息组织、分类的结构化设计，能够帮助用户进行信息的浏览和获取。

信息架构最初被应用在数据库设计中。在交互设计中，信息架构主要用于解决内容设计和导航的问题，即以最佳的信息组织方式来诠释产品信息内容，以便用户能够更加方便、快捷地找到需要的信息。通俗地讲，信息架构设计就是信息展现形式的设计。通过合理的信息架构，产品信息内容能够有组织、有条理地呈现，从而提高用户的交互效率。

在产品UI设计中，通过优化产品的标签系统、导航系统、搜索系统和信息内容的结构来合理表现产品承载的信息，可以让用户快速找到自己需要的信息。

1.7.2 信息架构的设计方法

信息架构设计可以简单理解为信息内容的分类。对产品界面中所包含的功能和信息内容进行分类，就是在做信息架构设计。

1. 根据功能相似性进行信息架构设计

通过分类把有相似性质的功能放在一起，然后以大的类别作为产品的主框架、以小的类别作为产品的子框架进行补充，这样就形成了整个产品的框架，也就是完成了初步的信息架构设计。图1-17所示为基于功能相似性原则进行的分类。

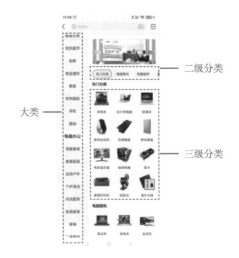

二级分类

大类

三级分类

消息是一种非常重要的传达信息的方式,包括好友消息、群消息、公众号消息等。这些产品提供的服务虽然不同,但是内容的展示和访问都是通过消息这种方式进行的,所以把所有消息都统一分在了"微信"栏目中,把有探索性质的功能"扫一扫""看一看"等都放在了"发现"栏目中,这就是基于功能相似性原则进行的分类。

在综合电商 App 中,商品的分类更加细致,从商品的大类,到商品的二级分类,再到商品的三级分类,这样的细致分类能使用户更容易找到目标商品。

图1-17 基于功能相似性原则进行的分类

2. 根据功能之间的不同关系采用不同的信息架构设计

产品功能之间的关系一般包括并列、包含、互斥等。如果两个功能之间是包含关系,就可以纵向进行信息架构设计,如购物的时候,挑选、下单、支付、邮寄之间就是包含关系,这是因为要邮寄必须先支付,要支付必须先下单,要下单必须先经过挑选。如果两个功能之间是并列关系,就可以考虑使用横向信息架构设计。图1-18所示为根据功能之间的不同关系采用不同的信息架构设计。

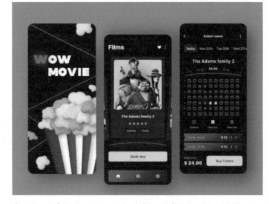

App 界面底部的工具栏为 App 的重点功能区,包含多个栏目,各栏目之间具有并列关系,所以使用横向信息架构设计。

在电影票在线预订 App 界面中,选择好电影之后进入预订界面,在其中从上至下需要依次选择观看日期、场次和座位,然后才能进行支付。这些功能之间的关系为包含关系,可以使用纵向信息架构设计。

图1-18 根据功能之间的不同关系采用不同的信息架构设计

3. 根据功能使用频率进行信息架构设计

一个功能的使用频率越高,说明这个功能越重要,就越应把这个功能放在界面中最重要的位置。在进行信息架构设计时,要注意以重要功能为核心。图1-19所示为根据功能使用频率进行的信息架构设计。

对综合性电商 App 来说，搜索功能肯定是该类 App 的核心功能之一，也是使用频率非常高的功能。所以在电商 App 的 UI 设计中，通常将搜索栏放置在界面顶部，以便对其进行突出显示。

图1-19　根据功能使用频率进行的信息架构设计

4. 注意系统的扩展性

在产品从无到有的过程中，产品功能是不断增加、完善的。需要注意的是，应确保后续增加的功能不会影响整个系统的结构。这就要求在进行产品信息架构设计时，必须考虑系统的扩展性。

好的产品信息架构一般是非常稳定的。微信从诞生到现在，增加了很多功能，但是其核心的信息架构一直没有变过，因为微信在最开始设计的时候，就考虑到了系统的扩展性。

> **提示**
>
> 信息架构是在符合设计目标、满足用户需求的前提下，将信息条理化。不管采用何种原则组织、分类信息，反映用户的需求都是最重要的。通常，在一个信息架构合理的移动UI交互设计中，用户不会注意到信息组织的方式，只有在找不到所需要的信息或者在寻找信息出现困惑时，才会注意到信息架构的不合理。

1.8 原型设计

对用户进行调研和对同类型竞品进行分析之后，就可以确定所开发产品的功能需求。接下来，需要根据所得到的功能需求制作产品原型。原型是一种让用户提前体验产品操作流程、交互设计构想、复杂系统的工具。从本质上而言，原型是一种沟通工具。

1.8.1　原型设计概述

产品原型是用于表达产品功能和内容的示意图。一份完整的产品原型要能够清楚地交代：产品包含哪些功能、内容；产品分为几个界面，功能、内容在不同的界面中如何布局；用户操作流程中的具体交互细节如何设计等。

线框图不是设计稿，也不代表最终布局。线框图描绘的是界面功能结构，展示的布局的主要作用是描述功能与内容的逻辑关系。原型图是最终系统的模型或模拟，比线框图更真实、细致。图1-20所示为移动应用产品的线框图和原型图设计。

（线框图）

（原型图）

图1-20　移动应用产品的线框图和原型图设计

原型设计的核心目的在于测试产品，没有哪一家互联网公司可以不进行测试就直接将产品和服务上市。产品原型在识别问题、减小风险、节省成本等方面有着不可替代的价值。

1.8.2　原型设计的流程

在设计产品原型之前，设计师需要清楚以下几个问题。

* 设计产品原型的目的是什么？

* 产品原型的受众是谁？

* 产品原型帮助我们传达设计或测试设计的效率如何？

* 有多少时间制作产品原型？需要达到什么级别的保真程度？

产品原型设计的基本流程如图1-21所示。

绘制草图	绘制草图的目标是提炼想法，在绘制草图的过程中要避免过度注重细节，尽可能快速地导出想法才是关键。
演示与讨论	演示与讨论的目的是把一些想法拿出来跟团队成员分享，然后进一步加以完善。在演示过程中要做好记录，演示和讨论的时间可对半分配。
制作原型	明确想法之后，就可以开始进行原型设计了。在这个阶段需要考虑很多细节，找出切实可行的方案，运用合适的原型来表达设计方案。
测试	设计产品原型的目标之一就是检验产品是否达到了预期，因此可以请5~6名测试者看看产品原型能否被顺畅地使用。

图1-21　产品原型设计的基本流程

1.9 练习题

1. 选择题

（1）以下有关UI设计的说法错误的是（　　　）。

A. 好的UI设计可以使用户的操作变得更加舒服、简单、自由，充分体现产品的定位和特点

B. UI设计的范畴比较广泛，包括软件UI设计、网站UI设计、游戏UI设计、移动UI设计等

C. UI设计是单纯的美术设计

D. UI设计需要定位使用者、使用环境、使用方式，最终为用户而设计，是纯粹、科学的艺术设计

（2）以下有关交互设计的说法错误的是（　　　）。

A. 交互设计是一种让产品易用、有效且让人感到愉悦的技术

B. 通过对界面和行为进行交互设计，可以让用户按照设置好的步骤完成目标操作

C. 交互设计致力于了解目标用户和他们的期望，同时还包括了解各种有效的交互方式，并对它们进行增强和扩充

D. 交互设计需要了解用户在同产品交互时的行为，但并不需要了解"人"本身的心理和行为特点

（3）以下不属于UI交互设计中的功能操作流程类型的是（　　　）。

A. 直接式　　　　　B. 渐进式　　　　　C. 往复式　　　　　D. 随机式

（4）（　　　）就是对信息组织、分类的结构化设计。

A. 操作流程设计　　　B. 信息架构设计　　　C. 原型设计　　　D. UI设计

2. 判断题

（1）UI即User Interface（用户界面）的缩写，UI设计则是指对软件的美观程度的设计。

（2）交互设计，又称互动设计，是指设计人与产品或服务互动的一种机制。

（3）交互设计师主要负责对产品进行界面设计和行为设计，界面设计是对用户在产品中进行各种操作后的效果设计，行为设计包括界面布局、内容展示等众多界面展现方式的设计。

（4）操作流程设计可以帮助用户从产品包含的大量数据中快速地查找和获取到需要的信息。

（5）原型是一种让用户提前体验产品操作流程、交互设计构想、复杂系统的工具。从本质上而言，原型是一种沟通工具。

3. 操作题

根据本章所学习的移动UI交互设计基础知识，打开手机中的各种App，仔细观察这些App中的哪些地方使用了交互设计，它们的表现形式是什么样的。

＊　App中的交互设计。

列举某款App中哪些功能或界面使用了移动UI交互设计。

＊　表现形式。

简单描述该App中移动UI交互设计的表现形式。

第2章
UI元素交互设计

用户与产品UI的交互，能使用户快速掌握产品的使用方法，可以说是未来互联网营销的基础。UI元素交互更多地表现为用户在界面操作中的体验，重点强调的是界面的可用性和易用性。

本章将向读者介绍移动UI交互设计的细节与表现方式，使读者理解并掌握界面中不同UI元素的交互表现形式，从而有效提升界面的交互表现。

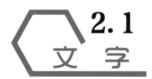

2.1 文字

界面中字体的选择是一种主观、感性的行为，设计师可以通过字体来表达设计所要传达的情感。但需要注意的是，选择字体要以整个产品的UI设计风格和用户的感受为基准。

2.1.1 关于文字交互

在PC端，界面中的文字交互方式通常包括鼠标悬停、滑过、单击和拖曳4种，这些可以认为是交互行为，文字可以认为是交互对象，而文字发生变化则可以认为是交互反馈。

在移动端，界面中的文字交互则相对简单。通常界面中的链接文字只有一种状态，这种状态可以称为静态链接。移动界面（特别是新闻资讯类的界面）中的超链接文字通常会以不同的颜色来表示访问与未访问的状态，这就是移动端界面中文字最基础的交互反馈，如图2-1所示。

在新闻类 App 界面中，未访问的新闻标题文字都显示为深灰色，而访问过的新闻标题文字则显示为浅灰色。通过文字的颜色，用户很容易区分哪些内容已经看过、哪些内容还没有看过。

图2-1　通过文字颜色的变化实现文字交互反馈

移动UI中文字的交互反馈可以是字体大小、颜色发生改变，也可以是一些动态效果。好的交互效果能够引起用户的好奇心，增加用户浏览界面的时间，加深用户对界面的印象。

说到界面文字颜色的变化，这里分享3个关于界面文字颜色的规范。

① 同一个界面需要确定文字主色调，特殊情况下可以有两种左右的辅助文字颜色。

② 正文的文字颜色为深灰色，建议选用#333333至#666666之间的颜色。如果选用其他文字颜

色作为正文主色调，为了安全起见应采用明度不大于30%的颜色。

③ 蓝色的文字一般在绝大多数超链接的位置使用，在其他地方应谨慎使用。

最重要的一点是规范可以灵活应用，但是一定要考虑界面的整体配色风格。表2-1所示为界面中常用文字颜色参考。

表2-1 界面中常用文字颜色参考

	文字颜色	适用范围
价格文字	███ #CC0000	价格文字
重要文字	███ #CC6600	提示性文字，需要用户特别注意
常规文字	███ #333333	普通信息、标题
次级文字	███ #666666	帮助信息、说明性文字
辅助文字	███ #999999	界面中的一些辅助性文字

2.1.2 UI中的字体应用

在移动UI设计中，设计师通常会使用智能手机操作系统默认的字体，尤其很少改动界面中的中文字体。但是一些产品为了打造特殊的产品格调，会在App中嵌入字体。由于数字字体包占用的内存较小，所以嵌入数字字体的情况比较常见。图2-2所示为嵌入数字字体的App；图2-3所示为嵌入英文衬线字体的App。

在 App 中嵌入数字字体，可以突出表现界面中的运动数据。

在 App 中嵌入英文衬线字体，可以用来表现标题，并起到突出的作用。

图2-2 嵌入数字字体的App   图2-3 嵌入英文衬线字体的App

当然，如果是偏运营活动风格的界面或者广告界面，字体也是非常重要的设计元素。所以字体的选择是否合适，对整个界面的格调与版式都会产生很大程度的影响。不同的字体能够营造出不同的视觉感受，如图2-4所示。

图2-4　活动风格界面中的字体表现

2.1.3　控制字体数量

在一个App界面中使用的字体数量过多会使界面看起来非常混乱，适当减少界面中字体的数量可以增强界面的排版效果。通常情况下，在App界面中使用一或两种字体就可以了。在设计App界面时，可以通过修改字体的字重（粗细）、样式和大小等属性来优化界面的布局效果。

在界面设计中使用不同大小的字体，可以创建有序、易理解的布局。但是，在同一个界面中如果使用太多不同大小的字体，会显得很混乱。

在移动界面设计中，通常普通的文字内容使用中性的黑白灰来表现；而重要的信息内容则使用与界面形成强对比的颜色进行突出表现，使其成为界面的视觉焦点，从而更加吸引用户的注意力。图2-5所示为App界面中文字的设计应用。

该天气App界面使用了对比色突出表现当前天气信息内容，并且使用了大号的加粗文字对当前的温度信息进行表现。较大的字体和显眼的色彩无疑在整个界面中更具视觉吸引力，使用户无须得到提示就知道看向哪里。

图2-5　App界面中文字的设计应用

2.1.4　体现文字的层次感

在界面设计中，文字内容的层级区分是决定一个界面是否具有层次感的重要因素。文字可以进行调整的部分除了颜色之外，还包括字体大小、字重（粗细）、倾斜程度、明度等。其中字体大小是构建文字层级的首选，当通过字体大小的调整不足以清晰地区分层级时，再去考虑是否加粗字体。

在图2-6所示App界面设计中，标题文字与正文内容文字之间通过字体大小、字重和颜色的对比，清晰、明确地表现出文字内容的层次。

界面设计需要让用户一眼就能看到界面所要展示的重点。如果当前界面中的文字层级过多，通过字体大小以及加粗处理都无法很好地处理文字层级，再考虑颜色和明度的调整，因为过多的颜色和明度变化会让界面显得不够干净。而倾斜字体在界面设计中很少使用，除非一些特殊的标题需要通过字体的倾斜增加趣味感。

图2-7所示界面中的文字信息用列表的方式进行了设计，第一层的标题文字通过字体大小、字重与明度的变化与第二层的说明文字内容形成了对比。这样的处理方式可以使标题更突出，使界面更有视觉层次感。

图2-6　表现文字内容的层次（1）

图2-7　表现文字内容的层次（2）

2.1.5　文字排版方式

移动界面中的文字排版对用户来说非常重要，会直接影响到用户对界面内容的阅读体验。在移动界面设计中，常见的文字排版方式主要有以下4种。这4种方式可以单独使用，也可以相互结合使用。

1. 换行

如果界面中的文本内容较多，通常需要进行换行处理；如果界面中的内容较为重要，或者界面中无二级界面，必须通过换行的方式来显示全部内容。图2-8所示为采用换行方式处理文字内容的界面。

图2-8　采用换行方式处理文字内容的界面

2. 超出省略

超出省略方式需要当前省略信息的界面中包含二级界面，并且二级界面点击率较高，或者省略的文字内容为非重要内容。图2-9所示为采用超出省略方式处理文字内容的界面。

3. 缩字号

缩字号是指根据手机屏幕的尺寸自动缩放界面中的文字字号，以保证文字内容可以在当前界面中完整显示。这种方式适用于文本内容需尽可能在一行中显示，并且信息内容对当前界面比较重要的情况。图2-10所示为采用缩字号方式处理文字内容的界面。

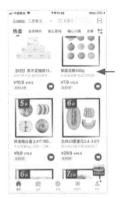

在该部分列表中，需要控制说明文字占两行，当超出两行时，则进行省略处理，并在结尾处显示省略符号。

商品标题和商品说明文字都只能占一行，当内容过多时，则进行省略处理，并在结尾处显示省略符号。

图2-9　采用超出省略方式处理文字内容的界面

在电商类 App 首界面中，运营区域的标题与描述文字的作用基本只在当前界面有效，需要在当前界面中将其完整地显示，但是错行会导致美观度大打折扣，因此缩字号是最好的处理方式。

在股票类 App 界面中，单个界面中的信息较多，并且大多数信息都比较重要，需要在当前界面中完整地显示，这种情况同样可用缩字号的处理方式。

图2-10　采用缩字号方式处理文字内容的界面

4.　限定字符

限定字符的处理方式在界面设计中比较常用，以防止文本适配出现问题，可以根据预期用户的最大字符数量设置。例如，在新闻类App中通常会采用限定字符方式对新闻标题的字符数量进行限制，如图2-11所示。

图2-11　采用限定字符方式处理文字内容的界面

2.2 图标

图标是UI交互设计中的重要元素，也是视觉传达的主要表现手段之一。图标应当是简约的，能让用户快速地分辨出来。

2.2.1 图标的作用

图标是UI设计中的点睛之笔，既能辅助文字信息的传达，也能作为信息载体被高效地识别。此外，图标也有一定的装饰作用，可以提高界面的美观度。

1. 传达信息

图标在界面中一般用于提供点击功能或者与文字相结合描述功能选项。设计师了解其功能后，要在其易辨识性上下功夫，注意不要将图标设计得太花哨，否则用户不容易看出它的功能。好的图标设计是只要用户看一眼图标就知道其功能，并且界面中的所有图标风格统一。图2-12所示为某音乐App中风格统一的图标设计。

使用简约的图标在 App 界面中表现功能，具有很好的识别性，可以起到突出功能和选项的作用。

图2-12　某音乐App中风格统一的图标设计

2. 功能具象化

图标设计要使移动界面的功能具象化、更容易理解。常见的图标元素在生活中随处可见，使用这样的图标的目的是使用户可以通过常见的事物理解抽象的移动界面功能。图2-13所示为某电商App界面中的简约图标设计。

简约的图标在界面中可以与文字相结合，展示重要的选项和功能，通常采用纯色或线条来设计。

图2-13　某电商App界面中的简约图标设计

3．为界面增添动感

优秀的图标设计可以为移动界面增添动感。UI设计趋向于精美和细致，设计精良的图标可以让所设计的UI在众多设计作品中脱颖而出。这样的UI设计更加连贯、富有整体感、交互性更强，如图2-14所示。

4．统一形象

统一的图标设计风格可以使界面呈现出统一性，进而代表移动应用的基本功能特征，凸显移动应用的整体性和整合程度，给用户以信赖感，同时便于用户记忆。图2-15所示为App界面中统一风格的图标设计。该设计有助于整体形象的统一，能产生良好的视觉效果。

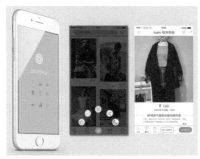

图2-14　界面中的图标设计　　　　图2-15　App界面中统一风格的图标设计

5．界面效果更美观

图标设计也是一种艺术创作，极具艺术美感的图标能够提高产品的调性。图标不但要强调其示意性，还要强调产品的主题文化和品牌意识。如今，图标设计被提高到了前所未有的高度。图2-16所示为App界面中精美的图标设计。

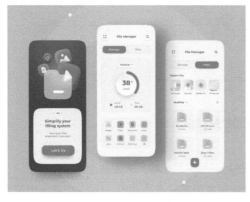

图2-16　App界面中精美的图标设计

2.2.2　图标的表现形式及其适用场景

UI中的图标具有多种表现形式，如线性图标、面性图标等。不同表现形式的图标适用于不同的场景，本节将向读者介绍UI中图标的常见表现形式及其适用场景。

1．线性图标

线性图标是由直线、曲线、点等元素组合而成的图标样式，通常只保留了需要表现的功能的外形轮廓。切记在线性图标的设计中不要掺入过多细节，否则会造成图标意义不明确。线性图标轻巧简洁，能够营造出一定的想象空间，并且不会对界面产生太大的视觉干扰。

由于线性图标的视觉层级较低，通常适用于界面底部标签栏中未点击状态，如图2-17所示。

如果界面中的功能入口较多，通常也会使用线性图标，如图2-18所示。但是线性图标很少被用作主要功能入口。

在界面底部标签栏中应用简约的线性图标，其中当前所在位置的图标为深灰色的面性图标，可以有效地与其他线性图标相区别，从而突出用户当前所在的位置。

为界面中的各功能选项搭配相应的线性图标，可帮助用户区分不同的功能选项，使得界面的表现不会过于单调。

图2-17　底部标签栏中应用线性图标　　　　图2-18　为功能选项设置线性图标与文字相结合表现功能入口

线性图标不宜过于复杂，面积越小越要简洁。一些功能入口图标由于面积比较大，可以多设计一些细节，从而避免视觉上的单调。通常会采用断点、粗细线条结合、图形点缀等多种方式绘制线性图标，如图2-19所示。

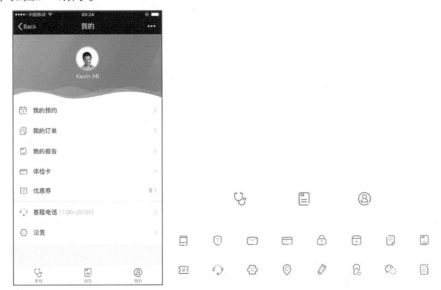

图2-19　线性图标的表现效果

纯色线性图标比较单调，适用于大部分常规产品；而多色线性图标显得更活泼、年轻，适用于个性产品。相比较而言，多色线性图标的视觉层级更高。图2-20所示为多色线性图标在界面中的应用。

2. 面性图标

面性图标与按钮类似，能够给用户一种可点击的心理感受，更容易吸引用户的视线。通常，界面中重要的功能入口都会使用面性图标来表现。

面性图标又分为反白和形状两种。反白图标底部有图形背景衬托，这种图标一般是最高层级的图标，常用于首页标签式布局，通常情况下一个页面不超过 10 个。图2-21所示为某电商App界面中的反白面性图标设计。这些图标可以突出表现App中的重要功能入口。

多色线性图标可以使界面看起来更活泼、年轻。

图2-20　多色线性图标在界面中的应用

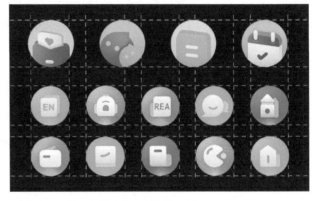

图2-21　某电商App界面中的反白面性图标设计

形状图标底部没有背景衬托，是由纯形状图形组成的图标。这种图标应用较为广泛，设计的方法也不固定，唯一需要注意的是图形风格应与界面统一。图2-22所示为某电商App界面中的形状面性图标设计。该界面中重要的功能入口使用了高饱和度彩色反白图标，底部标签栏中的图标则使用了纯色形状图标。

高饱和度彩色反白图标，表现效果非常突出。

纯色形状图标。

图2-22　某电商 App界面中的形状面性图标设计

3. 线面结合图标

　　线面结合图标比线性或者面性图标多一些设计细节，视觉层级也更高，通常用于表现界面中的功能入口、标签栏等。需要注意的是，线面结合图标的特点是比较年轻、文艺，所以不宜用于属性比较稳重的产品。图2-23所示为一款民宿App界面中的图标设计。为了便于在界面中突出不同的分类选项，该设计采用了线面结合的方式。

图2-23　线面结合图标在App界面中的应用

2.2.3　实战——设计相机应用图标

　　本小节将带领读者完成一个相机应用图标的设计，该相机应用图标主要采用简约的扁平化设计风格。在设计过程中主要使用Photoshop中的各种形状工具来绘制组成相机应用图标的各部分关键图形，整个相机应用图标简洁、大方、易于识别。

　　*　色彩分析

　　本实战所设计的相机应用图标使用蓝色作为主色调，与接近白色的浅灰色背景相搭配，给人以清爽、明朗、简洁的感觉。通过不同明度的蓝色，可以表现出图标不同的部分，体现出色彩的层次感，同时又使得图标整体色彩统一。

　　*　交互体验分析

　　相机应用图标属于展示型图标，在交互动效方面可以为其设计展示型UI动效，用于该相机App的宣传展示。动态的相机应用图标表现效果，能够更好地吸引用户的关注。

　　*　设计步骤

实战

　　设计相机应用图标
　　源文件：源文件\第2章\2-2-3.psd　　　　视频：视频\第2章\2-2-3.mp4

01. 打开Photoshop，执行"文件>新建"命令，弹出"新建文档"对话框，设置如图2-24所示。单击"创建"按钮，新建空白文档。选择"圆角矩形工具"，在选项栏中设置"工具模式"为"形状"、"填充"为RGB(243,251,255)、"描边"为无、"圆角半径"为50像素，如图2-25所示。

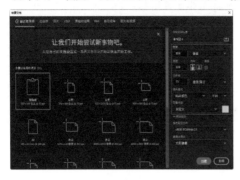

图2-24 "新建文档"对话框　　　　　　图2-25 设置选项栏中的相关选项

02. 按住【Shift】键不放，在画布中拖曳鼠标指针绘制一个圆角矩形，将该图层重命名为"图标背景"，如图2-26所示。新建图层，选择"矩形工具"，在选项栏中设置"工具模式"为"形状"、"填充"为RGB(91,164,225)、"描边"为无，在画布中拖曳鼠标指针绘制一个矩形，如图2-27所示。

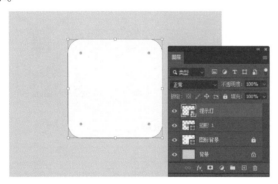

图2-26 绘制圆角矩形（1）　　　　　　图2-27 绘制矩形

提示

　　　完成圆角矩形的绘制之后，可以通过拖曳4个圆角控制点中的任意一个来调整圆角半径大小。如果按住【Alt】键不放拖曳某一个圆角控制点，可以单独对对应的圆角进行调整。除此之外，还可以在"属性"面板中对所绘制的圆角矩形的属性进行调整。

03. 新建图层，选择"椭圆工具"，在选项栏中设置"填充"为RGB(255,120,120)、"描边"为无，按住【Shift】键不放，在画布中拖曳鼠标指针绘制一个圆形，将该图层重命名为"提示灯"，如图2-28所示。新建图层，选择"圆角矩形工具"，在选项栏中设置"填充"为RGB(169,208,241)、"描边"为无、"圆角半径"为5像素，在画布中拖曳鼠标指针绘制一个圆角矩形，如图2-29所示。

04. 选择"矩形工具"，在选项栏中设置"路径操作"为"减去顶层形状"，在刚绘制的圆角矩形上减去所绘制的矩形，如图2-30所示。选择"路径选择工具"，选择刚绘制的矩形路径，按住【Alt】键不放，向下拖曳鼠标指针，复制该矩形路径，重复复制操作，完成闪光灯效果的绘制，将该图层重命名为"闪光灯"，如图2-31所示。

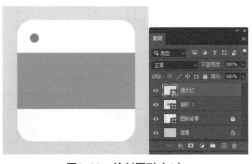

图2-28　绘制圆形（1）

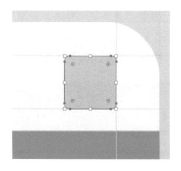

图2-29　绘制圆角矩形（2）

图2-30　在圆角矩形上减去矩形

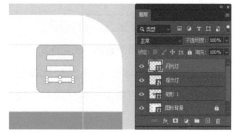

图2-31　复制矩形路径

05．新建图层，选择"椭圆工具"，在选项栏中设置"填充"为白色、"描边"为无，按住【Shift】键不放，在画布中绘制一个圆形，将该图层重命名为"镜头1"，如图2-32所示。复制"镜头1"图层，将复制得到的图层重命名为"镜头2"，修改复制得到的圆形的"填充"为RGB(29,54,103)，并将其等比例缩小，如图2-33所示。

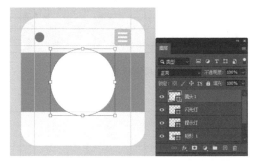

图2-32　绘制圆形（2）

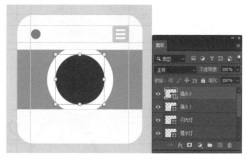

图2-33　复制圆形并进行调整

06．复制"镜头2"图层，将复制得到的图层重命名为"镜头3"，为该图层添加"渐变叠加"图层样式，对相关选项进行设置，如图2-34所示。单击"确定"按钮，应用"渐变叠加"图层样式，将复制得到的圆形等比例缩小，如图2-35所示。

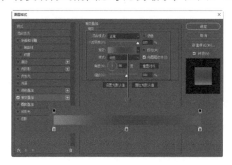

图2-34　设置"渐变叠加"图层样式（1）

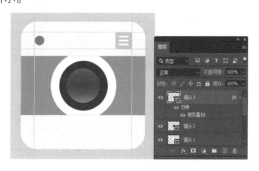

图2-35　等比例缩小圆形（1）

07. 复制"镜头3"图层，将复制得到的图层重命名为"镜头4"，双击该图层的"渐变叠加"图层样式，在弹出的对话框中修改渐变颜色，如图2-36所示。单击"确定"按钮，应用"渐变叠加"图层样式，将复制得到的圆形等比例缩小，如图2-37所示。

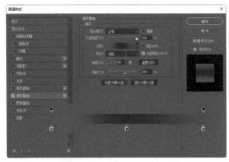

图2-36 设置"渐变叠加"图层样式（2）　　　图2-37 等比例缩小圆形（2）

08. 使用相同的制作方法，然后使用"椭圆工具"绘制出两个圆形作为镜头的高光，如图2-38所示。完成相机应用图标的绘制，最终效果如图2-39所示。

图2-38 添加高光　　　　　　　　图2-39 相机应用图标的最终效果

2.3 图标的意义

图标在人们的日常生活中随处可见，如交通标志符号、公共场合的禁烟标志以及车站里的位置指向标等。相比于文字，图标的意义在于可以让人们在更短的时间内获取到信息，并且可以大大地提升视觉美观度。

2.3.1 预见性

图标存在的最大意义就是提高用户在界面中获取信息的效率，所以一些用图标表现功能入口的界面需要做到脱离文字也可以让用户了解该功能入口的属性。如果设计的图标仅追求轮廓或者形状的美观而失去了识别性，这样就有些本末倒置了。一些表意比较抽象的图标如果很难通过图形做到让用户一眼识别，可以通过相关的元素辅助表意，如图2-40所示。当然有些以文字内容为主的装饰性图标就不需要这么强的识别性了，但也需要贴合文字内容的主题进行设计。

界面中的主要功能入口使用相同设计风格的面性图标与简单的文字说明，非常直观，容易吸引用户注意。

图2-40 App界面中图标的设计

2.3.2 美观性

在保证界面中图标具有高度识别性的前提下，要尽量保证图标的美观性。图标的美观性除了体现在常规的造型与配色上，还体现在细节设计当中。

这里介绍几个比较重要的细节。首先一定要清楚各个图标的表意，复杂的图标如果放在不重要的位置并且面积很小就会显得不美观，而太过简单的图标如果放在主要功能入口也会显得粗糙且不精致，所以每个图标是否符合自身的表意是其美观与否的重点所在。

另外，线性图标并不适合使用反白的方式表现。这是因为线条在视觉上很难压住背景底色，如果线性图标添加底色背景就会显得粗糙。图2-41所示为线性图标使用反白效果，其视觉效果并不是很清晰；如果图标尺寸较小且线条较细的话，则图标的视觉效果会更差。图2-42所示为面性图标使用反白效果，其视觉效果比反白的线性图标效果好。

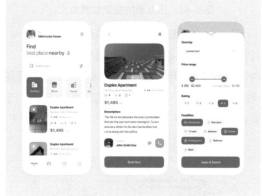

图2-41 反白的线性图标视觉效果差　　　**图2-42 反白的面性图标视觉效果好**

2.3.3 统一性

通常一个产品的App界面中包含的图标数量很多，所以图标的统一性尤为重要。统一的图标可以提升产品的质感。同一系列的图标如果保持样式上的统一，可以降低用户的认知成本，提升用户使用产品的效率，如图2-43所示。

在一个产品的 App 界面设计中，图标的风格应该保持统一，这样能给用户带来统一的视觉感受。

图2-43　风格统一的图标设计

2.3.4　保持图标统一的方法

保持图标统一的方法就是保证同一系列的图标在风格、视觉大小、线条粗细、断点、圆角、复杂程度、特殊元素上统一。采用线性、面性还是线面结合图标是图标设计最基础的统一，其次就是视觉大小的统一。两个图标尺寸相等，在视觉上不一定协调。图2-44所示两个图形，左边的正方形看上去明显要大一些。其实为这两个图形添加辅助线之后，会发现这两个图形的高度是相等的，如图2-45所示。这是因为在相同范围内，矩形的视觉面积更大，所以设计图标的时候需要进行主观调整，使其视觉大小统一。

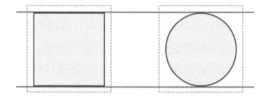

图2-44　正方形的视觉效果偏大　　　　　　　图2-45　两个图形的宽度和高度是相等的

图标线条粗细统一、断点统一、圆角统一，这些都是细节上需要注意的地方。例如，同一系列线性图标所有线条的粗细都保持1pt，如果有一些独特的设计，如外轮廓2pt和内线条1pt，那么这种设计也需要延续到每一个图标上。断点与圆角的应用也是相同的道理，如果一组图标确定使用断点元素，那么每一个图标都需要有断点出现。而圆角是最容易被忽视的图标细节，除了一组图标中要保持圆角的统一，单个图标也需要保持圆角的统一，如图2-46所示。

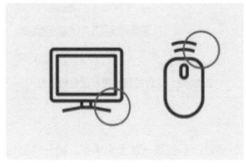
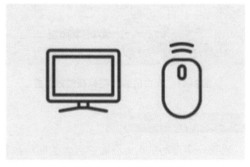

线段端点尖角与整体风格不统一　　　　　　　　线段端点圆角与整体风格统一

图2-46　图标的线段端点与整体风格统一

复杂程度的统一是指同一组图标中所有图标的细节程度的统一。例如，如果一个图标细节丰富，轮廓清晰，那么这一组图标都需要保持这些细节，如图2-47所示。

图标复杂程度不统一　　　　　　　　　　　　图标复杂程度统一

图2-47　同一系列图标需要保持统一的复杂程度

很多设计师在设计图标时，喜欢加入一些特殊的元素来塑造产品性格或者营造气氛。这些特殊元素同样需要保持统一，不然不仅无法营造氛围，反而会使界面变得混乱，如图2-48所示。

上面所介绍的都是基于同一系列中的图标，不同系列中的图标就不需要过多细节上的统一了，只需要符合整个产品的性格就可以。例如，偏娱乐并且目标用户为年轻群体的产品，其图标都需要具有娱乐、年轻的气质，如图2-49所示。

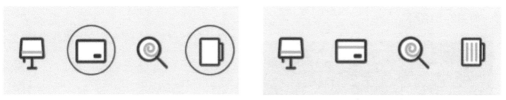

图标的特殊元素不统一　　　　　　　　　　　　图标的特殊元素统一

图2-48　图标的特殊元素保持统一

图2-49　根据界面风格设计相应的图标

2.3.5　实战——设计线框功能图标

本小节将带领读者完成一系列线框功能图标的设计。简约的线框图标是目前移动UI中常见的功能图标。在设计这类线框功能图标的过程中，需要注意保持图标大小、线条粗细、圆角大小的统一，从而表现出统一的视觉风格。

* 色彩分析

本实战所设计的线框功能图标使用深蓝色作为主色调，给人以稳重、大气的感觉；为了使线框功能图标的视觉表现效果更具活力感，在每个线框图标中都点缀了黄色；黄色与深蓝色的线框形成对比，视觉表现效果更加突出，图标的整体风格也更加活泼、富有活力。

　＊　交互体验分析

可以根据界面的风格为线框功能图标设计相应的交互动效。常见的图标变色、晃动、变形、路径生长等动效都可以应用在线框功能图标的交互动效设计中，从而在用户与界面中的线框功能图标进行交互操作时，对用户进行操作反馈和提醒。

　＊　设计步骤

实战

设计线框功能图标

源文件：源文件\第2章\2-3-5.psd　　　　　视频：视频\第2章\2-3-5.mp4

01．打开Photoshop，执行"文件>新建"命令，弹出"新建文档"对话框，设置如图2-50所示。单击"创建"按钮，新建空白文档。选择"圆角矩形工具"，在选项栏中设置"工具模式"为"形状"、"填充"为白色、"描边"为无、"半径"为20像素，在画布中拖曳鼠标指针绘制一个圆角矩形，如图2-51所示。

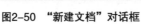

图2-50　"新建文档"对话框

图2-51　绘制圆角矩形（1）

02．选择"矩形选框工具"，在选项栏的"样式"下拉列表中选择"固定大小"选项，设置"宽度"和"高度"均为124像素，在画布中单击即可绘制一个固定大小的矩形选框，如图2-52所示。按【Ctrl+R】组合键，显示出文档标尺，从文档标尺拖出参考线，如图2-53所示。

图2-52　绘制固定大小的矩形选框

图2-53　拖出参考线

03．选择"矩形选框工具"，将鼠标指针移至选框内，按住鼠标左键拖曳选框，调整选框位置，从文档标尺拖出相应的参考线。使用相同的方法，通过参考线划分出每一个图标的位置，如图2-54所示。新建名称为"图标1"的图层组，如图2-55所示。

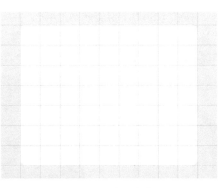

图2-54　拖出多条参考线

图2-55　新建图层组

 提示

　　在一系列风格相同的图标设计中，每个图标的大小要保持一致。在该系列图标的设计中，每个图标的大小都为124像素×124像素。所以在绘制图标之前，可通过参考线将画布划分为固定大小的多个方格，以便在图标绘制过程中保持统一的大小。

　　04. 选择"圆角矩形工具"，在选项栏中设置"工具模式"为"形状"、"填充"为RGB（29,42,78）、"描边"为无、"半径"为10像素，在画布中拖曳鼠标指针绘制一个圆角矩形，如图2-56所示。选择"圆角矩形工具"，在选项栏中设置"半径"为6像素、"路径操作"为"减去顶层形状"，在刚绘制的圆角矩形上减去所绘制的圆角矩形，效果如图2-57所示。

图2-56　绘制圆角矩形（2）

图2-57　在圆角矩形上减去圆角矩形

　　05. 选择"矩形工具"，在选项栏中设置"路径操作"为"减去顶层形状"，在图形上减去所绘制的矩形，效果如图2-58所示。选择"圆角矩形工具"，在画布中单击，弹出"创建矩形"对话框，设置如图2-59所示。单击"确定"按钮，即可在画布中自动绘制一个固定大小的圆角矩形，如图2-60所示。

图2-58　在图形上减去矩形

图2-59　"创建矩形"对话框

图2-60　绘制圆角矩形（3）

06. 按【Ctrl+T】组合键，显示自由变换框，按住【Shift】键旋转图形45°，并将其调整到合适的位置，如图2-61所示。复制"圆角矩形3"图层，得到"圆角矩形3 拷贝"图层，执行"编辑>变换>水平翻转"命令，将复制得到的图形水平翻转，并调整至合适的位置，如图2-62所示。

图2-61　旋转图形并调整位置　　　　　图2-62　复制图形并翻转、调整位置

07. 使用相同的方法，完成相似图形的绘制，如图2-63所示。新建图层，选择"圆角矩形工具"，在选项栏中设置"填充"为RGB（255,213,80）、"描边"为无、"半径"为6像素，在画布中绘制一个圆角矩形，将该图层移至"圆角矩形2"图层下方，完成该图标的绘制，如图2-64所示。

图2-63　绘制图形　　　　　　　　　　图2-64　绘制圆角矩形并调整位置

08. 新建名称为"图标2"的图层组，选择"圆角矩形工具"，在选项栏中设置"填充"为无、"描边"为RGB（29,42,78）、"描边宽度"为8像素、"半径"为12像素，在画布中绘制一个圆角矩形，如图2-65所示。新建图层，选择"直线工具"，设置"填充"为RGB（29,42,78）、"描边"为无、"粗细"为8像素，在画布中绘制一条直线段，如图2-66所示。

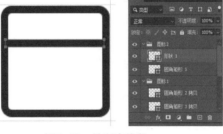

图2-65　绘制圆角矩形（4）　　　　　图2-66　绘制直线段

09. 新建图层，选择"多边形工具"，设置"填充"为无、"描边"为RGB（29,42,78）、"描边宽度"为8像素、"边"为3，打开"描边选项"面板，对相关选项进行设置，在画布中绘制一个三角形，如图2-67所示。选择"直接选择工具"，拖曳三角形右侧锚点，调整三角形形状，如图2-68所示。

10. 复制"多边形1"图层，得到"多边形1 拷贝"图层。选择任意形状工具，在选项栏中设置"填充"和"描边"均为RGB（255,213,80）、"描边宽度"为2像素，效果如图2-69所示。按【Ctrl+T】组合键，将其等比例放大，并调整至合适的位置，将该图层移至"多边形1"图层下方，完成该图标的绘制，如图2-70所示。

图2-67　绘制三角形　　　　　　　　　　图2-68　调整三角形形状

图2-69　复制图形并修改"填充"和"描边"　　图2-70　放大图形并调整位置和叠放顺序

11. 使用相同的方法，利用Photoshop中的各种形状工具，完成一系列相同风格线性图标的设计，效果如图2-71所示。

图2-71　一系列相同风格线性图标

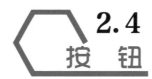

2.4 按钮

按钮是UI设计中非常重要的元素，特点鲜明的按钮能够吸引用户进行点击操作。界面中的按钮主要有两个作用：一个是提示性作用，即按钮通过提示性的文本或者图形告知用户点击后会有什么结果；另一个是动态响应作用，即当用户在进行不同的操作时，按钮能够呈现出不同的效果。

2.4.1 真正的按钮与伪按钮

目前，UI中普遍出现的按钮可以分为真正的按钮和伪按钮两大类。

1. 真正的按钮

当用户在界面的搜索文本框中输入关键字，单击"搜索"按钮后，界面中将出现搜索结果；当用户在登录界面中填写用户名和密码，单击"登录"按钮后，可进行登录。这里的"搜索"按钮和"登录"按钮都是用来实现提交表单功能的，按钮上的文字说明了提交表单的目的。例如，"搜索"按钮所在的区域显然表明了这一区域内的文本输入框和按钮都是为搜索功能服务的，因此不需要额外添加标题进行说明，这也是设计师为提高UI可用性而普遍采用的一种方式。

通过以上的分析可以得出，真正的按钮是指具有明确的操作目的，并且能够实现表单提交功能的按钮。图2-72所示为能够实现表单提交功能的真正的按钮。

2. 伪按钮

在UI中为了突出某些重要的文字或功能而将其设计为按钮形式，使其在界面中的表现更加突出，从而吸引用户的注意，这样的按钮称为伪按钮。界面中存在大量这样的按钮，伪按钮从表面上看是一个按钮，而实际上只提供了一个链接。图2-73所示为界面中的伪按钮。

登录和注册界面中的"Login"和"Signup"按钮都属于真正的按钮，这两个按钮都能够将界面表单元素中所填写的内容提交到服务器进行处理。

图2-72 能够实现表单提交功能的真正的按钮

该App的启动界面和登录界面中，既包含伪按钮，也包含真正的按钮。左侧的启动界面使用相同风格不同颜色的按钮表现登录和注册链接，用户点击某个按钮即可跳转到相应的界面。而右侧登录界面中的"Login"按钮则是具有提交表单功能的真正的按钮。

图2-73 界面中的伪按钮

2.4.2 常见交互按钮样式及其应用场景

在App的使用过程中，我们常常需要通过界面中各种按钮的引导来实现相应的操作。在实现UI交互操作的过程中，也几乎离不开按钮。本小节将介绍常见的交互按钮样式及其应用场景。

1. 大色块按钮

大色块按钮是目前App界面中应用较为广泛的一种交互按钮形式，其样式为扁平的色块背景加上文字或图标。这种大色块按钮的表现形式适用于绝大多数界面。

大色块按钮在界面中的使用频率非常高，因为大色块按钮具有很强的视觉表现力，能够在第一时间聚集用户的视觉焦点，非常适用于引导用户在界面中进行操作。图2-74所示为大色块按钮在界面中的应用。

2. 投影样式按钮

投影样式按钮通常是在大色块按钮的基础上"加工"而来的，其制作方法为在按钮底部添加与按钮同色或者颜色更浅的柔和阴影。

图2-74 大色块按钮在界面中的应用

在已有大色块按钮的基础上，如果希望按钮在界面中的表现效果更加突出，或者想使界面的视觉层次关系更加分明、样式更加多变，就可以使用投影样式按钮。图2-75所示为投影样式按钮在界面中的应用。

3. 渐变色按钮

扁平化设计以纯色按钮居多。随着渐变色在UI设计中的流行，渐变色按钮也越来越多。在亮丽的渐变色基础上为按钮添加投影效果，可以使按钮的视觉效果更加出彩。

渐变色按钮在界面中同样具有很强的突出性和引导性，其视觉效果也非常出彩。但是需要根据产品调性有选

图2-75 投影样式按钮在界面中的应用

择地使用，渐变的颜色也一般离不开产品的主色调。图2-76所示为渐变色按钮在界面中的应用。

4. 半透明按钮

顾名思义，此类按钮的背景色为半透明，因此它比大色块按钮看起来更加轻盈，界面整体的视觉和谐度也更高。但是半透明按钮没有大色块按钮的引导性强。

半透明按钮虽然引导性不强，但是如果想使用按钮作为操作引导，并保持界面的整体和谐，那么还是使用半透明按钮比较适合。图2-77所示为半透明按钮在界面中的应用。

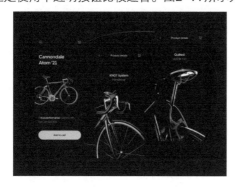

图2-76 渐变色按钮在界面中的应用　　　　**图2-77 半透明按钮在界面中的应用**

5. 幽灵按钮

幽灵按钮有着最简单的扁平化几何图形，如正方形、矩形、圆形、菱形，没有填充色，只有浅浅的轮廓线条。除了线框和文字之外，它几乎（或者说完全）是透明的。"薄"和"透"是幽灵按钮的最大特点。无须设置背景色、添加纹理，幽灵按钮仅通过简洁的线框标明边界，确保了它作为按钮的功能性，同时也形成了"纤薄"的视觉美感。

幽灵按钮多应用于界面背景比较丰富的场景，不会过于抢眼，也不会对背景遮挡过多，而且在一些以照片或插画为背景的界面中不会显得突兀。由于幽灵按钮的突出性大大弱于大色块按钮，因此可以与大色块按钮搭配使用，从而使得界面主次更加分明。图2-78所示为幽灵按钮在界面中的应用。

图2-78　幽灵按钮在界面中的应用

◀ 2.4.3　设计出色的交互按钮的方法

从现实世界到虚拟的界面，从桌面端到移动端，用户每天都会接触各种按钮。按钮是如今UI设计中最小的元素之一，同时也是最关键的控件。当设计师在设计交互按钮的时候，是否思考过用户会在什么情形下与之交互？是否思考过按钮会在整个交互和反馈的循环中提供信息？

1. 按钮看起来可点击

一般来说，用户看到界面中可点击的按钮会有点击的冲动。虽然按钮在屏幕上会以各种各样的尺寸出现，并且通常都具备良好的可点击性，但在移动端设备上按钮本身的尺寸和按钮周围的间隙尺寸都是非常有讲究的。

> **提示**
>
> 普通用户的指尖触点直径通常为8～10毫米，所以移动UI中交互按钮的尺寸最少也需要设置为10毫米×10毫米，以便用户点击，这也算是移动UI设计中约定俗成的规则了。

要想使界面中所设计的按钮看起来可点击，需注意下面的技巧。

①增加按钮的内边距，引导用户点击。

②为按钮添加微妙的阴影效果，使按钮看起来"浮出"界面，更接近用户。

③为按钮添加点击操作的交互效果，如色彩的变化等，以便提示用户。

图2-79所示为界面中的交互按钮设计。

2. 使用对比色突出按钮

按钮作为用户进行交互操作的核心，在界面中适合使用高饱和度的色彩加以突出强调，但是按钮颜色的选择需要根据整个界面的配色来决定。

该 App 登录界面分别使用了不同的颜色来表现不同的功能操作按钮，以便用户区分。

图2-79　界面中的交互按钮设计

界面中按钮的颜色应该是明亮而迷人的，这也是为什么那么多UI设计都喜欢使用明亮的红色、黄色和蓝色。要想使按钮在界面中具有突出的视觉效果，设计时最好选择与背景色具有对比关系的颜色作为按钮的颜色。图2-80所示为通过对比色突出交互按钮的表现。

3. 按钮要大

只有按钮尺寸足够大，用户才能在刚进入产品界面时就被它吸引。虽然幽灵按钮可以占足够大的面积，但是视觉重量上的不足使得它并不是最好的选择。所以，这里所说的大不仅是尺寸要大，视觉重量也要"大"。

按钮的尺寸是一个相对值，在很大程度上取决于周围元素的大小。有的时候，同样尺寸的按钮，在一个界面中是完美的尺寸，在另外一个界面中可能就过大了。图2-81所示为尺寸和视觉重量都较"大"的交互按钮。

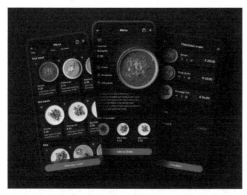

在该美食类 App 界面使用深灰色作为背景主色调，可以有效突出美食。界面底部的功能操作按钮使用了高饱和度的红橙渐变色，并且添加了阴影，按钮与界面背景形成强烈的对比，从而使该按钮在界面中的表现效果非常突出，进而有效引导用户的操作。

图2-80 通过对比色突出交互按钮的表现

在该 App 的引导界面中，"Login"和"Sign Up"这两个按钮分别使用了幽灵按钮和实体按钮两种类型，从而有效区分了两种功能操作。实体按钮的视觉重量大于幽灵按钮的视觉重量，使用实体按钮能有效引导新用户进行注册。

图2-81 尺寸和视觉重量都较"大"的交互按钮

4. 放置在特定的位置

按钮应该放置在界面中的哪些位置呢？界面中的哪些地方能够为产品带来更多的点击量？

绝大多数情况下，应该将按钮放置在一些特定的位置，如表单的底部、触发行为操作的信息附近、界面或者屏幕的底部、信息的正下方。因为无论是在PC端还是移动端的界面中，这些位置都遵循了用户的习惯和自然的交互路径，使得用户的操作更加方便、自然。图2-82所示为放置在合理位置的交互按钮。

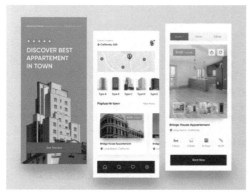

在移动端 UI 设计中，通常将功能操作按钮放置在界面的底部。因为用户在查看界面内容时，视线会自然向下移动到按钮上。此外，将按钮放置在界面底部也便于用户进行单手点击操作。

在表单界面中，表单相关的功能操作按钮需要与表单元素靠在一起，从而形成一个整体。在该 App 界面的设计中，使用纯白色的圆角矩形背景将机票搜索功能相关的表单元素整合在一起，使得表单部分形成一个视觉整体。

图2-82 放置在合理位置的交互按钮

研究发现，大多数人的右手比较灵活，因此将重要的功能操作按钮放置在界面的右侧能够大大方便用户的操作。

5. 统一的按钮样式

目前，按钮设计比较推崇简洁、直观的设计。如果按钮过于花哨，就会增加用户的阅读难度。

在同一产品的界面中，同层级的按钮需要保持设计风格与样式的统一，从而为用户带来统一感。如果使用不同的样式表现同一界面中的按钮，则会使界面显得毫无规范，甚至会导致界面混乱。

6. 明确说明交互按钮的功能

按钮基本上都包含按钮文本，用以告诉用户该按钮的功能。所以，按钮上的文本要尽量简洁、直观，并且要符合整个UI的风格。

当用户点击按钮的时候，按钮所指示的内容和结果应该合理、迅速地呈现在用户眼前。无论是提交表单还是跳转到新的界面，都应该让用户点击按钮后获得他所预期的结果。图2-83所示为明确说明交互按钮的功能。

7. 注意按钮的视觉层级

几乎每个界面都会包含众多不同的元素，按钮应该是整个界面中独一无二的控件，它在形状、色彩和视觉重量上，都应该与界面中的其他元素区分开来。试想一下，当在界面中所设计的按钮比其他控件都大，其色彩在整个界面中也很突出时，它绝对是界面中最显眼的一个元素。

需要注意的是，如果同一个界面中包含多个功能操作按钮，则需要注意区分按钮的视觉层级。例如，重点功能操作按钮或引导用户沿路径操作的功能按钮，需要具有较高的视觉层级；而次要的功能操作按钮或比较危险的操作按钮，如退出、删除等，视觉上则需要进行弱化处理。图2-84所示为交互按钮合理的视觉层级处理。

该家具电商 App 界面的设计非常简洁，使用纯白色作为界面背景颜色，有效突出了家具产品色彩的表现效果。不同界面中的功能操作按钮都保持了统一的设计风格，都是黑色边框的幽灵按钮，并都放置在界面的底部。这种统一的表现形式使产品界面形成统一感与规范感。

该灯具产品电商 App 界面的商品详情页面的底部放置了两个功能操作按钮，其中"Buy Now"按钮使用了高饱和度的青蓝色，而购物袋图标则使用了白色背景的线框图标。很明显，高饱和度的青蓝色按钮的视觉层级更高，更能吸引用户进行购买操作。

图2-83　明确说明交互按钮的功能　　　　**图2-84　交互按钮合理的视觉层级处理**

◀ 2.4.4　实战——设计微渐变按钮

本小节将带领读者完成一个微渐变按钮的设计，通过大色块按钮给用户明确的提示，并且在按钮中应用微渐变的设计，使按钮更加时尚、富有现代感。

* 色彩分析

本实战所设计的是微渐变按钮，顾名思义其背景颜色采用了微渐变颜色进行填充。实战中使用蓝紫色到蓝色的线性渐变色作为该按钮的背景颜色，并在按钮上搭配纯白色的文字，使按钮具有很强的突出性和引导性。

* 交互体验分析

按钮同样是一种非常重要的交互元素。用户在界面中执行某种操作时，通常需要点击界面中的按钮。在按钮的交互设计中，最常见的就是按钮背景颜色的变化，这能给予用户明确的操作反馈。

* 设计步骤

实战

设计微渐变按钮

源文件：源文件\第2章\2-4-4.psd　　　　视频：视频\第2章\2-4-4.mp4

01. 打开Photoshop，执行"文件>新建"命令，弹出"新建文档"对话框，如图2-85所示。切换到"移动设备"选项区中，选择预设的某一种移动设备，并设置背景颜色。单击"创建"按钮，新建空白文档。选择"椭圆工具"，在选项栏中设置"填充"为RGB(246,175,191)、"描边"为无，按住【Shift】键不放，在画布中拖曳鼠标指针绘制圆形，如图2-86所示。

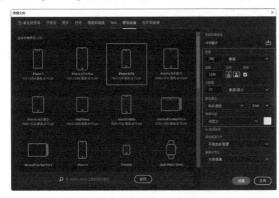

图2-85 "新建文档"对话框

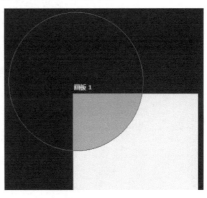

图2-86 绘制圆形

02. 将刚绘制的圆形复制多次，并分别调整大小、位置和颜色，效果如图2-87所示。打开并拖入素材图片"源文件\第2章\素材\24401.png"，如图2-88所示。

图2-87 复制圆形

图2-88 打开并拖入素材图片

03. 选择"横排文字工具"，在画布中单击并输入文字，在"字符"面板中对文字的属性进行设置，效果如图2-89所示。选择"圆角矩形工具"，设置"填充"为任意颜色、"描边"为无、"半径"为30像素，在画布中绘制圆角矩形，如图2-90所示。

图2-89　输入文字（1）　　　　　图2-90　绘制圆角矩形

04. 选择"圆角矩形1"图层，为其添加"渐变叠加"图层样式，设置如图2-91所示。继续为其添加"投影"图层样式，设置如图2-92所示。

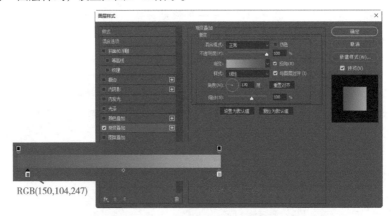

RGB(150,104,247)

图2-91　设置"渐变叠加"图层样式

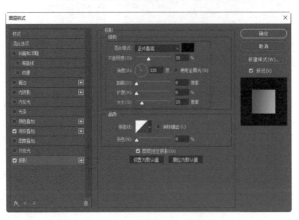

图2-92　设置"投影"图层样式

05. 单击"确定"按钮，完成图层样式的添加，效果如图2-93所示。选择"横排文字工具"，在画布中单击并输入文字，效果如图2-94所示。

06. 完成该微渐变按钮的设计，最终效果如图2-95所示。

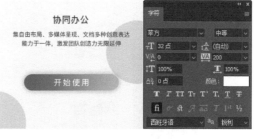

图2-93　添加图层样式的效果　　　　　　　图2-94　输入文字（2）

图2-95　微渐变按钮的最终效果

2.5 图 片

图片是UI设计中的基础元素之一，不仅能够增强界面的吸引力，传达给用户更加丰富的信息，还能够影响用户对产品的感官体验。

2.5.1 常用的图片比例

在UI设计中，可以对图片应用不同的比例。不同比例的图片所传达的主要信息各不相同，在UI设计过程中需要结合产品的特点，并根据不同场景来选择合适的图片比例进行设计。

1. 1：1

1：1是移动UI设计中比较常见的一种图片比例，相同的长和宽使得构图表现简单，能有效突出主体的存在感，常用于产品、头像、特写等展示场景。图2-96所示为移动UI中1：1比例的图片设计。

2. 4：3

在移动UI设计中，4：3比例的图片的表现效果更加紧凑，更容易构图，便于进行UI设计，也是在移动UI设计中比较常用的图片比例。图2-97所示为移动UI中4：3比例的图片设计。

3. 16：9

16：9的比例可以呈现出电影般的视觉效果，是很多移动端视频播放App界面中常用的比例，能够带给用户一种视野开阔的体验。图2-98所示为移动UI中16：9比例的图片设计。

图 2-96　移动 UI 中 1：1 比例的图片设计

图 2-97　移动 UI 中 4：3 比例的图片设计

4. 16：10

16：10的比例最接近黄金比例，而黄金分割具有严格的比例性、艺术性、和谐性，蕴藏着丰富的美学价值，被认为是艺术设计中最理想的比例。图2-99所示为移动UI中16：10比例的图片设计。

图2-98　移动UI中16：9比例的图片设计

图2-99　移动UI中16：10比例的图片设计

2.5.2　常见的图片排版方式

在UI设计中，图片的排版方式有很多，具体应根据不同的场景和所需要传递的主题信息来选择。接下来介绍几种常见的图片排版方式。

1. 满版型

满版型是指以图片作为主体或者使用图片作为整个界面的背景，从而辅助界面主题的表现。该排版方式常常搭配简洁的文字信息或图标装饰，视觉效果直观而强烈，给人以大方、舒适的感觉。图2-100所示为满版型的图片排版方式。

在该户外登山 App UI 设计中，使用了精美的山峰实景图片作为整个界面的满版背景，给用户带来很强的视觉冲击力，使用户第一时间就能感受到山峰的雄伟与壮阔。在图片上叠加简洁的说明文字，使界面信息的传达更加直观、清晰。

图2-100　满版型的图片排版方式

提　示

在UI设计中，常常使用经过模糊处理的图片作为界面的背景。模糊效果能够让用户清晰地感受到界面的层次关系，并有效增强移动界面的视觉层次感，同时还便于在移动界面中表现多样化的菜单和层级效果。

2．通栏型

通栏型是指图片与界面整体的宽度相同，而图片高度只占界面高度几分之一甚至更小的一种图片排版方式。其中，最常见的就是界面顶部的焦点轮换图设计。通栏型的图片宽阔大气，可以有效强调和展示重要的商品、活动等内容。图2-101所示为通栏型的图片排版方式。

3．并置型

并置型是将不同的图片按大小相同而位置不同的方式排列，可以是左右排列，也可以是上下排列。这种排版方式能够为版面带来秩序感、安静感、调和感与节奏感。

采用并置型的图片排列方式排列的图片的视觉层次统一，并没有主次之分。通常在界面中的产品列表等部分采用并置型的图片排列方式。图2-102所示为并置型的图片排版方式。

电商 App 界面常常会使用通栏型的图片排版方式，这种方式具有很好的图片展示效果。在该电商 App 界面的设计中，整体使用了黑白色调，搭配的通栏图片同样多为无彩色的黑白图片，表现出高雅的格调，能够很好地突出表现首饰产品的高档感。

图2-101　通栏型的图片排版方式

在该 App 界面的设计中，可以看到相应栏目中的图片尺寸大小相同，图片在界面中水平排列或垂直排列，通常用户可以在界面中通过左右或上下滑动的方式来切换图片。

图2-102　并置型的图片排版方式

4．九宫格型

九宫格型是使用4条线把画面分割成9个小方块，可以将图片填充在1个或2个小方块中。这种构图方式给人以严谨、规范、有序的感觉。图2-103所示为九宫格型的图片排版方式。

5．瀑布流型

瀑布流型的排版方式是最近几年流行起来的一种图片排版方式，其定宽而不定高的设计让界面突破了传统的图片排版方式，降低了界面的复杂度，节省了空间，使用户能专注于浏览，体验更好。图2-104所示为瀑布流型的图片排版方式。

在照片分享类 App 界面中，常常会使用九宫格型的图片排版方式。这种排版方式给人一种严谨、规整的感觉，以使用户对图片进行快速浏览。当然，用户也可以在界面中点击某张图片，快速查看该图片的大图效果。

图2-103　九宫格型的图片排版方式

以图片展示为主的界面比较适合使用瀑布流型的图片排版方式。瀑布流型的图片排版方式很好地满足了不同尺寸图片的表现，巧妙地利用了视觉层级。视线的任意移动可以缓解视觉疲劳，用户可以在众多图片中快速扫视，然后选择感兴趣的部分。

图2-104　瀑布流型的图片排版方式

2.5.3 实战——设计图片展示界面

本小节将带领读者完成一个社交类App的图片展示界面的设计，该界面中的图片都采用通栏以及16：9的比例进行排版处理，给用户一种视野开阔的体验。在界面底部中间位置放置了简单的线性功能图标，使界面简洁、直观。

* 色彩分析

本实战所设计的是图片展示界面。为了突出图片视觉效果，使用纯白色作为界面的背景颜色，搭配高饱和度的天蓝色，从而使界面表现出清爽、自然的感觉，在局部点缀洋红色，突出重点信息。

* 交互体验分析

在该界面的交互设计中，可以为界面中的每个图片项目添加入场动效，从而使界面的视觉表现更具动感。同时为该界面底部的功能图标设计了两种样式：一种是只有一个功能的图标，另一种是点击图标后会展开显示多个功能图标的图标。设计时可以通过该图标的展开交互动效，为用户带来动感的交互体验。

* 设计步骤

> **实 战**
>
> **设计图片展示界面**
> 源文件：源文件\第2章\2-5-3.psd　　　　　视频：视频\第2章\2-5-3.mp4

01. 打开Photoshop，执行"文件>新建"命令，弹出"新建文档"对话框，如图2-105所示。切换到"移动设备"选项区中，选择预设的某一种移动设备。打开素材文件"源文件\第2章\素材\25301.psd"，从素材文件中将顶部状态栏和相应的图标拖入设计文档中，如图2-106所示。

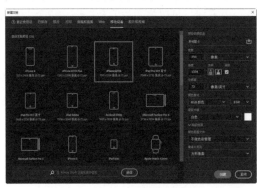

图2-105 "新建文档"对话框

图2-106 拖入状态栏和图标

02. 新建名称为"标题栏"的图层组，选择"横排文字工具"，在画布中合适的位置单击并输入文字，如图2-107所示。选择"圆角矩形工具"，在选项栏中设置"填充"为RGB(236,50,133)、"描边"为无、"半径"为30像素，在画布中拖曳鼠标指针绘制圆角矩形，如图2-108所示。

图2-107 输入文字（1）

图2-108 绘制圆角矩形

03. 选择"横排文字工具",在画布中合适的位置单击并输入文字,如图2-109所示。在"标题栏"图层组的上方新建名称为"项目1"的图层组,选择"矩形工具",设置"填充"为RGB(11,14,45)、"描边"为无,在画布中绘制一个矩形,如图2-110所示。

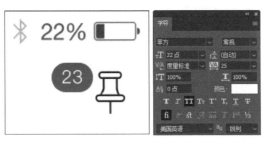

图2-109 输入文字(2)

图2-110 新建图层组并绘制矩形

04. 打开并拖入素材文件"源文件\第2章\素材\25302.jpg",为该图层创建剪贴蒙版,效果如图2-111所示。复制"矩形1"图层,得到"矩形1拷贝"图层,将"矩形1拷贝"图层移至"图层2"上方,为该图层添加图层蒙版,在图层蒙版中填充黑白线性渐变,设置该图层的"不透明度"为80%,效果如图2-112所示。

图2-111 拖入素材文件并创建剪贴蒙版(1)

图2-112 添加图层蒙版并填充黑白线性渐变

05. 选择"横排文字工具",在画布中合适的位置单击并输入文字,如图2-113所示。选择"椭圆工具",设置"填充"为任意颜色、"描边"为无,按住【Shift】键不放,在画布中绘制一个圆形,如图2-114所示。

图2-113 输入文字(3)

图2-114 绘制圆形

06. 打开并拖入素材文件"源文件\第2章\素材\25305.jpg",为该图层创建剪贴蒙版,效果如图2-115所示。使用相同的方法,完成该图片中其他内容的制作,效果如图2-116所示。

07. 复制"项目1"图层组,将得到的图层组重命名为"项目2",按【Ctrl+T】组合键,将"项目2"图层组内容整体向下移至合适的位置,如图2-117所示。替换"项目2"图层组中的图片素材,并修改文字内容,完成"项目2"的制作,如图2-118所示。

08. 使用相同的方法,完成界面中其他项目的制作,如图2-119所示。选择"矩形工具",在选项栏中设置"填充"为RGB(20,138,210)、"描边"为无,在画布中绘制矩形,如图2-120所示。

图2-115 拖入素材文件并创建剪贴蒙版（2）

图2-116 完成其他内容的制作

图2-117 复制图层组并调整位置

图2-118 修改内容

图2-119 完成其他项目的制作

图2-120 绘制矩形

09. 为"矩形2"图层添加图层蒙版，在图层蒙版中填充黑白线性渐变，效果如图2-121所示。选择"椭圆工具"，在选项栏中设置"填充"为黑色、"描边"为无，在画布中绘制圆形，设置该图层的"不透明度"为20%，效果如图2-122所示。

图2-121 为图层蒙版填充黑白线性渐变

图2-122 绘制圆形并设置不透明度

10. 打开素材文件"源文件\第2章\素材\25301.psd",从素材文件中将"主功能"图标拖入设计文档中,如图2-123所示。新建名称为"展开效果"的图层组,复制"椭圆2"图层,将得到的图层移至"展开效果"图层组中,并修改该图层的"不透明度"为40%,将"椭圆2"和"主功能图标"图层暂时隐藏,如图2-124所示。

图2-123　拖入"主功能"图标　　　　图2-124　复制图层并修改不透明度

11. 在素材文件中将"关闭"图标拖入设计文档中,如图2-125所示。使用相同的方法,将其他功能图标从素材文件中拖入设计文档中,并分别调整位置,效果如图2-126所示。

图2-125　拖入"关闭"图标　　　　图2-126　拖入其他功能图标

12. 完成该图片展示界面的设计,并设计底部工具图标的展开效果。后续可以基于该展开效果制作相应的动效,最终效果如图2-127所示。

图2-127　图片展示界面的最终效果

2.6 导 航

任何产品的功能及相关内容都需要通过某种导航框架组织起来,以使产品结构清晰、目标明确。产品的结构层需要考虑用户在什么位置以及如何去往下一个目标位置。而导航通常是引导用户使用产品、完成目标的工具。在确定用户的需求及目标后,需要选择合适的导航模式将其组织并表达出来,这在整个产品交互设计过程中尤为重要。

2.6.1 底部标签式导航

底部标签式导航是App界面中最常见的主导航模式之一,也是符合人机工程学的一种导航形式。如果所要构架的几个模块的信息对用户来说重要性和使用频率相似,而且需要频繁切换,就适合使用标签式导航。这种导航形式能够让用户直观地了解到App的核心功能和内容。图2-128所示为采用底部标签式导航的UI设计。

图2-128　采用底部标签式导航的UI设计

> **提示**
>
> 需要注意的是,如果采用底部标签式导航,则应该将导航选项控制在5个及以内,选项过多会导致用户难以记忆且容易迷失。如果选项超过5个,可以把"更多"选项放置在最右侧的第5个选项的位置。

＊　优点

① 导航可以承载重要性和使用频率处于同一级别的重要功能模块、信息或任务。

② 用户能够在第一时间获取重要性最高、频率最高的模块、信息或任务。

③ 用户能够在重要功能模块、信息或任务之间进行快速切换。

④ 导航可以包容其他信息结构,构建出容量更大的模块、信息或任务结构。许多App的主导航采用底部标签式导航形式,然后又使用其他导航形式去承载界面中的具体信息。

＊　缺点

① 由于尺寸限制,底部标签式导航中最多包含5个选项。如果超过5个选项,则需要考虑产品的导航结构是否合适,或者考虑更换导航形式。

② 底部标签式导航需要占据一定的界面空间,降低了界面的信息承载量。有些产品为了更好地展示界面信息、方便用户阅读,采用了隐藏底部标签栏的做法,即上滑阅读时隐藏底部标签栏,下滑返回时再显示出底部标签栏。这种做法虽然顾及了界面的信息展示,但是也可能会使导航失去便利性,降低切换效率,因此需要慎重使用。

2.6.2 舵式导航

舵式导航是底部标签式导航的一种扩展形式。有些情况下,简单的底部标签式导航难以满足更多的操作功能选项。因此,可以在底部标签栏的中间加入功能按钮(多为发布型功能按钮),来作为App核心操作功能的入口。图2-129所示为采用舵式导航的UI设计。

图2-129　采用舵式导航的UI设计

在舵式导航的设计中，因为中间的功能图标中集合了多个核心操作功能入口，所以通常该功能图标比标签栏中的其他导航选项更突出。当用户点击该功能图标时，该功能图标会以交互动效的形式展开多个核心操作功能入口，从而使界面的表现更具交互动感，如图2-130所示。

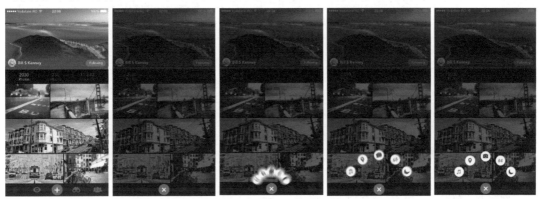

图2-130　舵式导航功能图标的交互动效

* 优点

① 可以直观展示App的核心功能及入口。

② 用户可以在不同的功能模块之间进行快速切换。

③ 可以凸显核心、频繁使用的功能，引导用户使用该功能。

* 缺点

① 作为界面上固定显示的内容，会挤压界面中其他内容的显示区域，从而降低界面的信息承载量。

② 凸显最重要功能的同时，会在一定程度上弱化其他核心功能的表现效果。

2.6.3　选项卡式导航

选项卡式导航在不同的系统平台有不同的设计规则。iOS系统平台有分段选项卡，Android系统平台提供了固定选项卡和滚动选项卡。不同的选项卡式导航在本质上是一样的，即实现不同视图或内容间的切换。

1. 分段选项卡

分段选项卡由两个或两个以上宽度相同的分段组成，正常情况下分段不超过4个。分段选项卡在视觉上表现为很明显的幽灵按钮。分段选项卡经常为界面的二级导航，对主导航内容再次分类。

分段选项卡通常放置在界面顶部标题下方，也可以直接放置在导航栏上。图2-131所示为分段选项卡在界面中的表现效果。

图2-131　分段选项卡在界面中的表现效果

* 优点

① 可以承载重要性和使用频率处于同一级别的功能模块、信息或任务。

② 可以让用户清楚地知道有多个可供选择的视图。

③ 支持用户在不同视图之间快速切换。

* 缺点

① 选项卡个数有限，一般不超过4个。

② 只支持点击分段选项卡实现视图之间的切换，不支持左右滑动切换。

2. 固定选项卡

固定选项卡是Android系统提供的3种主导航方式之一，与iOS系统提供的分段选项卡类似。固定选项卡同样能够扁平化应用的信息结构，适用于在应用的主要类别之间切换，并且支持左右滑动切换。图2-132所示为固定选项卡在界面中的表现效果。

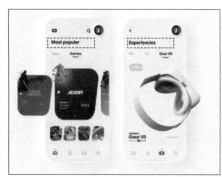

* 优点

① 可以承载重要性和使用频率处于同一级别的功能模块、信息或任务。

② 可以让用户清楚地知道有多个可供选择的视图。

③ 支持用户在不同视图之间快速切换，并且支持左右滑动切换，方便用户操作。

* 缺点

选项卡个数有限，最多不超过4个。

图2-132　固定选项卡在界面中的表现效果

提示

　　随着移动端交互设计的发展，在实际应用中，Android系统与iOS系统之间相互借鉴是一种趋势，大量的iOS系统平台应用使用了固定选项卡，同样很多Android系统平台应用也使用了底部标签式导航形式。

---

3. 滚动选项卡

滚动选项卡与固定选项卡类似，二者最大的区别是：滚动选项卡中可以显示多个类别的视图，并且可以进行扩展或移除（例如自定义新闻频道等）。滚动选项卡同样支持左右滑动切换不同视图。图2-133所示为滚动选项卡在界面中的表现效果。

* 优点

① 选项卡数量没有限制，且选项卡支持扩展或移除。

② 可以承载重要性和使用频率处于同一级别的功能模块、信息或任务。

③ 支持用户在不同视图之间快速切换，并且支持左右滑动切换，方便用户操作。

图2-133　滚动选项卡在界面中的表现效果

＊ 缺点

滚动选项卡越多，用户的选择压力越大，这也是滚动选项卡无法避免的劣势。所以当类别过多的时候，一般默认显示一定数量的选项卡，其他的选项卡都放置在二级界面中，供用户自由添加。

2.6.4 侧边式导航

侧边式导航又称为抽屉式导航，是一种交互导航方式，默认将导航菜单在当前界面中隐藏，只有当用户点击界面中的菜单图标时，导航菜单才会像抽屉一样从界面左侧或右侧拉出。导航菜单在用户做出选择之后会再次隐藏。图2-134所示为侧边式导航在界面中的表现效果。

＊ 优点

① 占用界面空间较少，使得界面能够承载更多的信息内容。界面更简洁，可使用户更专注于使用产品的核心功能。

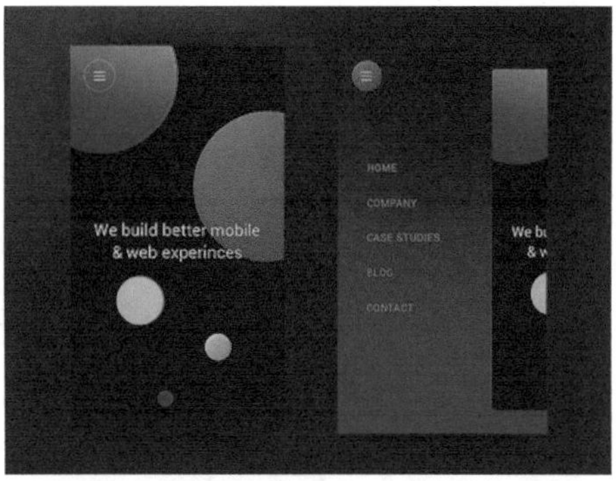

图2-134 侧边式导航在界面中的表现效果

② 具有较强的次级功能扩展性，可以在抽屉式导航菜单中放置较多的功能入口。

＊ 缺点

① 侧边式导航默认隐藏，可发现性较差，增加了用户的操作时间。

② 导航菜单图标一般位于界面的左上角，在大屏手机时代，单手进行操作时该位置属于点击困难区域。

2.6.5 实战——设计侧边交互导航界面

本小节将带领读者完成一个餐饮类App的侧边交互导航界面的设计。该界面以美食图片的展示为主，通过诱人的美食图片吸引用户的关注。侧边式导航菜单使用半透明的黑色背景，搭配简洁的菜单文字，并为每个菜单项搭配风格统一的线性图标，使导航菜单项的视觉表现效果更加清晰、突出。

＊ 色彩分析

本实战所设计的餐饮类App侧边式导航菜单使用黑色作为界面背景主色调，能有效突出界面中美食的诱人色泽；搭配白色的文字，能使视觉表现效果清晰；局部点缀绿色，能体现出食物的健康与新鲜。

＊ 交互体验分析

侧边式导航菜单是App中常见的一种交互动效。当用户点击界面左上角的菜单图标时，默认隐藏的导航菜单会从界面左侧滑出；当用户完成导航菜单的操作后，导航菜单会自动隐藏。侧边式导航菜单不仅节省了界面空间，并且为界面的交互操作提供了一定的动态表现效果，增强了界面的交互感。

＊ 设计步骤

实 战

设计侧边交互导航界面
源文件：源文件\第2章\2-6-5.psd　　　　视频：视频\第2章\2-6-5.mp4

01. 打开Photoshop，执行"文件>新建"命令，弹出"新建文档"对话框，如图2-135所示。切换到"移动设备"选项区中，选择预设的某一种移动设备。打开素材文件"源文件\第2章\素材\26501.psd"，从素材文件中将顶部状态栏拖入设计文档中，如图2-136所示。

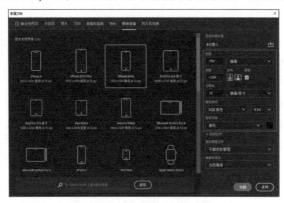

图2-135 "新建文档"对话框

图2-136 拖入状态栏

02. 新建名称为"标题栏"的图层组，选择"矩形工具"，在选项栏中设置"填充"为RGB(16,16,16)、"描边"为无，在画布中拖曳鼠标指针绘制矩形，如图2-137所示。从素材文件中将相应的图标拖入设计文档中，选择"横排文字工具"，输入标题文字，如图2-138所示。

图2-137 绘制矩形（1）

图2-138 拖入图标并输入标题文字

03. 新建名称为"菜单1"的图层组，选择"矩形工具"，在选项栏中设置"填充"为任意颜色、"描边"为无，在画布中拖曳鼠标指针绘制矩形，如图2-139所示。打开并拖入素材图片"源文件\第2章\素材\26502.jpg"，调整大小和位置，为该图层创建剪贴蒙版，效果如图2-140所示。

图2-139 绘制矩形（2）

图2-140 拖入素材图片并创建剪贴蒙版（1）

04. 选择"矩形工具"，在选项栏中设置"填充"为黑色、"描边"为无，在画布中拖曳鼠标指针绘制矩形，设置该图层的"不透明度"为60%，如图2-141所示。选择"横排文字工具"，在画布中单击并输入相应的文字，如图2-142所示。

图2-141　绘制矩形并设置不透明度（1）　　　　　图2-142　输入文字（1）

05.　使用相同的方法，完成该界面中其他内容的制作，效果如图2-143所示。新建名称为"侧边菜单"的图层组，选择"矩形工具"，设置"填充"为黑色、"描边"为无，在画布中拖曳鼠标指针绘制矩形，设置该图层的"不透明度"为90%，如图2-144所示。

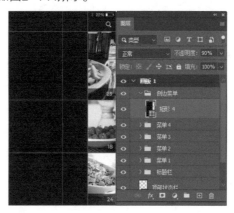

图2-143　完成其他内容的制作　　　　　图2-144　绘制矩形并设置不透明度（2）

06.　新建图层，选择"椭圆工具"，设置"填充"为任意颜色、"描边"为无，按住【Shift】键不放，在画布中拖曳鼠标指针绘制圆形，如图2-145所示。打开并拖入素材图片"源文件\第2章\素材\26506.jpg"，调整大小和位置，为该图层创建剪贴蒙版，效果如图2-146所示。

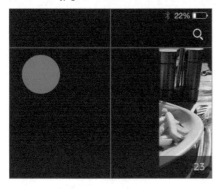

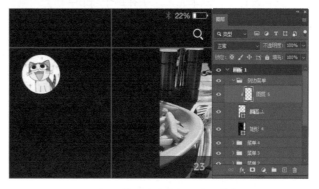

图2-145　绘制圆形　　　　　图2-146　拖入素材图片并创建剪贴蒙版（2）

07.　选择"横排文字工具"，在画布中单击并输入相应的文字，如图2-147所示。使用相同的方法，完成侧边菜单选项的制作，效果如图2-148所示。

08.　完成该餐饮App侧边交互导航菜单的设计，最终效果如图2-149所示。

图2-147　输入文字（2）

图2-148　完成侧边菜单选项的制作

图2-149　侧边交互导航菜单的最终效果

2.7 表单

交互设计中，表单元素几乎在每个App中都会用到。尽管这些表单元素很常用、很简单，但越是常用的组件，背后的交互可能越复杂。

2.7.1　文本输入表单元素

文本输入表单元素是最常见的表单元素之一，无论是PC端还是移动端，其交互形式都是可以相互参照的。相比于其他元素，文本框的内容无边界性，并且交互复杂性很高。所以在日常设计中，需要注意以下几点。

1. 默认状态

文本输入框在默认状态下通常会显示预置的提示文字内容，可以是内容提示或输入规则，如内容限制、字数限制等。在特殊情况下，默认状态也可以表现为激活状态，甚至文本输入框中有默认输入的文本。图2-150所示为文本输入框的默认状态效果。

图2-150　文本输入框的默认状态效果

2. 激活状态

① 在文本输入框中点击将激活文本输入框，此时应该在文本输入框中显示光标，从而为用户提供清晰的视觉提示，并且在界面底部显示输入键盘，如图2-151所示。可以结合输入内容显示相应的键盘类型，例如需要输入手机号，文本输入框会弹出数字输入键盘，而–非文本输入键盘。

② 在文本输入框中输入内容后，文本输入框的右侧会出现"×"符号，点击该符号能够清除该文本输入框中输入的内容，如图2-152所示。

在文本输入框中点击，显示光标。

在界面底部显示输入键盘。

点击该符号，可以清除文本输入框中输入的内容。

图2-151　显示光标和输入键盘　　　　　　图2-152　显示清除符号

③ 密码文本输入框为用户提供切换"明文"和"密文"的功能图标，如图2-153所示。

④ 文本输入框的输入字符类型的限制，是否支持中文、数字、下划线、特殊符号、空格等。

⑤ 文本输入框是否需要对输入的字符数量进行限制。例如，输入手机号的文本输入框限制字符数量为11个，以提高防错性，如图2-154所示。

⑥ 是否为用户提供快捷输入选项，如图2-155所示。

在密码文本输入框中输入的内容默认为隐藏状态，显示为实心小圆点。

点击该图标，可以切换密码文本输入框中内容的显示状态，方便用户对输入内容进行检查。

图2-153　提供切换"明文"和"密文"的功能图标

手机号码固定由11位数字组成，所以用于输入手机号的文本输入框中只能输入数字，并且只能输入11位数字，而无法输入数字以外的字符，也无法输入11位以上的数字。

用户不仅可以在文本输入框中输入需要提现的具体金额，还可以通过点击右下角的"全部提现"文字，将当前余额全部提现，省去输入的过程，更加便捷。

图2-154　对特殊内容进行限制　　图2-155　提供快捷输入选项

3. 错误状态

① 前端验证是同步还是异步。

② 错误是格式错误，还是内容错误。如果是内容错误，可以红色边框的形式突出文本框的视觉效果，并且明确标注错误原因。图2-156所示为移动端表单的错误提示方式。

表单元素边框显示为红色，并显示提示信息。

在弹出窗口中显示错误提示信息，弹出窗口几秒后自动消失。

在弹出窗口中显示错误提示信息，并引导用户进行相应的操作。

图2-156　移动端表单的错误提示方式

2.7.2　搜索表单的常见表现形式

根据设计师的实际设计过程与思考，结合产品和前端开发的模块划分，一般将搜索功能的流程分为搜索入口、搜索提示、搜索过程和搜索结果页4个部分，如图2-157所示。这与用户进行搜索操作的流程一致。而在整个搜索的流程中，如何让用户在实现快捷搜索的同时获取更多的信息，以及如何恰当地呈现搜索提示无疑是影响用户体验的关键所在。

图2-157　搜索功能的流程

搜索入口是用户使用App搜索功能的起点，其可见性、易用性是直接影响用户搜索体验的要素。搜索入口的类型可以分为4种，包括导航搜索入口、通栏搜索、搜索功能图标以及特殊样式，其中前3种比较常见。

1. 导航搜索入口

导航搜索入口是指在App界面的主导航栏中放置搜索功能入口，如图2-158所示。导航在App中的大多数界面都会出现，这种情况下无论用户位于App中的什么位置，搜索入口都是存在的，让用户可以随时进行搜索操作。

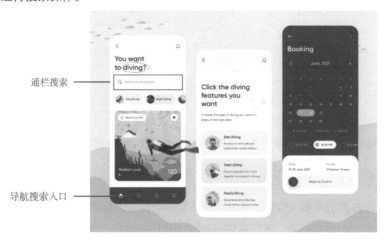

通栏搜索

导航搜索入口

图2-158　导航搜索入口

2. 通栏搜索

通栏搜索通常出现在App界面的顶部位置，用户可以快速进行搜索操作，如图2-159所示。特别是大型电商类App，通常都会采用通栏搜索，因为其包含的商品非常丰富。目的性明确的用户通常进入App后都希望能够快速找到自己需要的商品，这个时候为用户提供一个直观、显眼的搜索功能入口是贴心的表现。

电商类App通常将搜索放置在界面顶部，并以通栏的形式表现。这样用户进入该界面后，第一眼就能看到搜索入口。

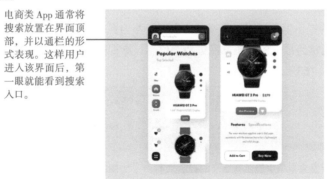

图2-159　通栏搜索

3. 搜索功能图标

以用户最容易理解的放大镜图标作为搜索功能的入口，在界面中占据的空间较小，出现的位置也没有严格的限制。当用户需要使用搜索功能时，点击搜索功能图标，界面中会显示出搜索文本框以及提交按钮；当用户不需要使用时，该部分内容会自动隐藏，留出更多空间来显示界面内容。尽管图标样式的搜索功能入口能够有效地触发搜索功能，但是其在形式上不够亮眼。图2-160所示为搜索功能图标在界面中的表现效果。

4. 特殊样式

特殊样式的搜索功能入口在App UI设计中比较常见。搜索功能的表现样式由移动端的设计风格决定，如Android系统原生应用中的悬浮按钮功能等，如图2-161所示。

点击界面右上角的搜索功能图标，当前界面会跳转到搜索界面，并自动激活搜索文本框。

悬浮于界面上方的搜索功能图标，表现效果更突出。

图2-160　搜索功能图标在界面中的表现效果　　图2-161　悬浮搜索功能图标

2.7.3　搜索表单的不同交互状态

在App中，用户点击搜索入口后，通常会跳转到一个独立的搜索中间界面。搜索中间界面可以说是仅次于搜索结果界面的存在，其包含的设计要素有提示信息、分类搜索功能、搜索历史、热门搜索词等。本小节将对搜索表单的不同交互状态分别进行说明。

1. 默认状态

搜索表单在默认状态下主要显示搜索提示信息。提示信息是与该App能够实现的搜索功能相关的文案内容，其常见样式为出现在搜索文本框中的纯文字提示。这种设计是体现友好性的一个小细节，也是对用户的一种良性引导，给用户提供了心理预期。

设计时可以在搜索文本框中显示一些有意义的提示文本来引导用户，但内容需简洁、明了，如图2-162所示。

搜索文本框中的提示信息还可以是推荐内容，推荐内容根据App的不同有所区别。例如，电商类App推荐的内容通常为最新的促销商品或活动信息，影视类App推荐的内容通常为当前热门的电影、电视等，如图2-163所示。

图2-162　搜索文本框中显示有意义的提示文本　　图2-163　搜索文本框中显示推荐内容

> **提 示**
>
> 搜索文本框中的提示信息主要起到给用户提示的作用，所以通常以浅灰色进行表现，而用户在搜索文本框中输入的内容通常以深灰色或黑色进行表现，这样就能有效地区分提示的信息内容与用户自己输入的内容。

2. 激活状态

用户在搜索文本框中点击即可进入搜索文本框的激活状态。在激活状态下，搜索文本框通常会向用户展示最近的搜索历史记录、热门搜索推荐等内容。

搜索历史前端可以作为一种快速搜索的功能入口。呈现用户的搜索历史，一来可以方便用户下次对重复性内容实现快速搜索，二来便于收集用户习惯。

热门搜索词一般是由产品需求驱动产生的，可以让搜索界面的内容更加丰富，同时展示出当前主推的内容，提升内容的曝光率和点击量。当前App主推的内容或商品以及搜索频率较高的内容都可以作为热门搜索词。图2-164所示为电商App搜索文本框被激活后，搜索界面显示的搜索历史和热门搜索内容。

显示相应的搜索
历史，点击即可
直接进行搜索。

根据用户的搜索
历史，向用户推
荐相关搜索选项。

显示相应的搜
索历史信息。

向用户推荐热
门搜索信息。

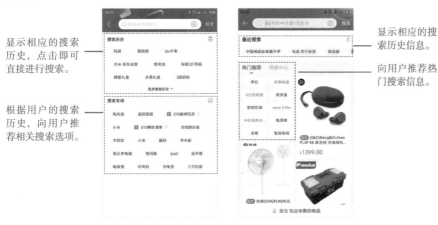

图2-164　搜索历史和热门搜索内容

3. 输入状态

用户在搜索文本框中输入搜索关键词时，其核心目标就是快速输入关键词，或者希望输入的过程便捷、快速。所以在这个状态下，界面需要能够根据用户逐渐输入的内容而不断呈现出包含输入关键词的列表。

搜索联想能够起到纠正、提醒、引导的作用。对于有固定搜索结果的App而言，搜索联想词能起到便捷搜索的作用。图2-165所示为搜索文本框根据输入内容智能向用户推荐的联想结果。

当用户在搜索文
本框中输入字母
i时，所显示的
相关搜索联想。

当用户在搜索文
本框中输入ipho
时，所显示的相
关搜索联想。

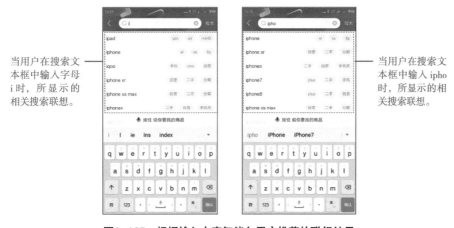

图2-165　根据输入内容智能向用户推荐的联想结果

4. 结果状态

搜索结果是指用户点击搜索按钮后看到的搜索内容界面，它是用户搜索的目标所在。因此，如何准确地呈现用户想要搜索的内容是重点。本着所见即所得的理念，有了目标信息，通用的交互操作和功能在这里就都需要实现，这样用户的操作体验才具有一致性和连续性。图2-166所示为不同类型App的搜索结果界面。

如果根据用户所输入的搜索关键词没有搜索到任何信息，则需要在搜索结果界面中显示相应的提示信息，或者为用户推荐相关的信息。

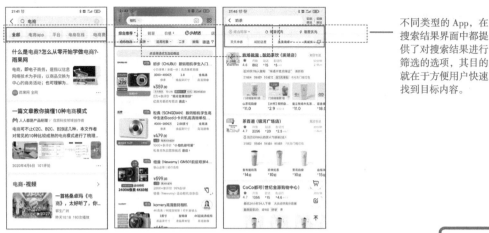

不同类型的App，在搜索结果界面中都提供了对搜索结果进行筛选的选项，其目的就在于方便用户快速找到目标内容。

图2-166　不同类型App的搜索结果界面

2.7.4　实战——设计登录界面

本小节将带领读者完成一个餐饮类App登录界面的设计。在设计中，以使用餐饮相关的美食图片作为该界面的背景，在背景图片上叠加半透明的黑色以调暗界面背景，从而使界面中的表单选项表现得更加清晰。同时利用简洁的布局和表现方式来设计表单元素，使表现效果直观、清晰。

* 色彩分析

本实战的餐饮类App登录界面使用半透明的黑色作为背景颜色，其中的文本框元素使用白色的线条表现；搭配半透明的白色提示文字，使表现效果清晰、简洁；搭配黄绿色的登录按钮，使整个界面清爽、自然。

* 交互体验分析

表单元素是界面中非常重要的交互元素之一，常常需要对其内容进行验证、给出错误提示或操作反馈等。除此之外，还需为登录界面制作展示型动效，通过动效来展示登录操作是否成功，从而使设计的界面更加生动。

* 设计步骤

实　战

设计登录界面
源文件：源文件\第2章\2-7-4.psd　　　　视频：视频\第2章\2-7-4.mp4

01. 打开Photoshop，执行"文件>新建"命令，弹出"新建文档"对话框，切换到"移动设备"选项区中，选择预设的某种移动设备，如图2-167所示。打开并拖入素材图片"源文件\第2章\素材\27401.jpg"，效果如图2-168所示。

02. 选择"矩形工具"，在选项栏中设置"填充"为黑色、"描边"为无，在画布中拖曳鼠标指针绘制矩形，并设置该图层的"不透明度"为80%，如图2-169所示。从素材文件中将顶部状态栏拖入设计文档中，如图2-170所示。

03. 打开并拖入素材图片"源文件\第2章\素材\27402.png"，调整大小和位置，如图2-171所示。选择"直线工具"，设置"填充"为白色、"描边"为无、"粗细"为2像素，按住【Shift】键不放，在画布中拖曳鼠标指针绘制一条水平直线段，如图2-172所示。

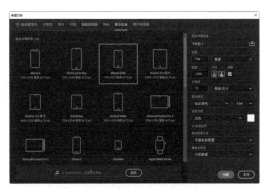

图2-167 "新建文档"对话框

图2-168 拖入背景素材图片

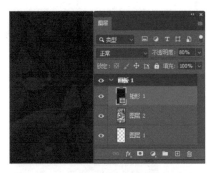

图2-169 绘制矩形并设置不透明度

图2-170 拖入状态栏

图2-171 拖入素材图片

图2-172 绘制水平直线段

04. 打开素材文件"源文件\第2章\素材\27406.psd"，从素材文件中将"邮件"图标拖入设计文档中，如图2-173所示。选择"横排文字工具"，在画布中单击并输入文字，然后设置该文字图层的"不透明度"为60%，如图2-174所示。

图2-173 拖入"邮件"图标

图2-174 输入文字并设置不透明度

05. 使用相同的方法，完成密码表单元素的制作，效果如图2-175所示。选择"圆角矩形工具"，设置"填充"为RGB（141,195,58）、"描边"为无、"半径"为10像素，在画布中拖曳鼠标指针绘制圆角矩形，如图2-176所示。

图2-175　完成密码表单元素的制作　　　　　图2-176　绘制圆角矩形

06. 选择"横排文字工具"，在画布中单击并输入文字，如图2-177所示。新建名称为"其他方式"的图层组，选择"直线工具"，设置"填充"为白色、"描边"为无、"粗细"为1像素，在画布中绘制直线段，然后设置该图层的"不透明度"为50%，如图2-178所示。

图2-177　输入文字　　　　　　　　　图2-178　绘制直线段并设置不透明度

07. 选择"矩形工具"，设置"填充"为无、"描边"为白色、"描边宽度"为1像素，在画布中绘制矩形，设置该图层的"不透明度"为50%，效果如图2-179所示。选择"横排文字工具"，在画布中单击并输入文字，打开并拖入相应的素材图片，效果如图2-180所示。

图2-179　绘制矩形　　　　　　　　图2-180　输入文字并拖入素材图片

08. 完成该餐饮App登录界面的设计，最终效果如图2-181所示。

图2-181　登录界面的最终效果

2.8 练习题

1．选择题

（1）（　　）通常只保留了需要表现的功能的外形轮廓，轻巧简洁，能够营造出一定的想象空间，并且不会对界面产生太大的视觉干扰。

A．线性图标　　　B．面性图标　　　C．线面结合图标　　　D．交互图标

（2）（　　）更容易吸引用户的视线，与按钮类似，能够给用户一种可点击的心理感受，通常界面中重要的功能入口都会使用该类型的图标来表现。

A．线性图标　　　B．面性图标　　　C．线面结合图标　　　D．交互图标

（3）以下关于图标交互的意义的说法错误的是（　　　）。

A．预见性　　　B．美观性　　　C．统一性　　　D．传达性

（4）界面中的按钮主要具有什么作用？（　　）

A．美观性作用和提示性作用　　　　　B．提示性作用和突出性作用

C．提示性作用和动态响应作用　　　　D．美观性作用和动态响应作用

（5）采用底部标签式导航则应该将导航选项控制在（　　）个及以内，选项过多会导致用户难以记忆且容易迷失。

A．4　　　　　　B．5　　　　　　C．6　　　　　　D．8

2．判断题

（1）移动端界面中的文字交互方式通常包含鼠标悬停、滑过、单击和拖曳这4种。

（2）面性图标又分为反白和形状两种，反白图标底部有白色背景衬托，形状图标底部没有白色背景衬托。

（3）面性图标的视觉层级较高，通常用于表现界面中重要的功能入口。如果界面中一些视觉层级比较低的文字需要使用图标点缀，尽量使用线性图标而不使用面性图标。

（4）16∶10的比例可以呈现出电影般的视觉效果，是很多移动端视频播放App界面中常用的比例。

（5）搜索入口是用户使用App搜索功能的起点，搜索入口的可见性、易用性是直接影响用户搜索体验的要素。

3．操作题

根据本章所学习的UI元素交互设计相关知识，完成一个App图标和界面的设计，具体要求和规范如下。

* 内容/题材/形式。

可以是美食、影视等类型的App。

* 设计要求。

在Photoshop中完成该App启动图标和功能图标的设计，并完成该App中多个界面的设计，要求包含启动界面、登录界面、首界面、导航菜单等。

第 3 章
交互设计与用户体验

用户作为网络传播的主体，往往会参与到交互设计的过程中并获得认知和情感的体验。可以说用户不仅是交互设计的重要创作者，也是交互设计的欣赏者。传统设计通常都以美观或实用作为设计的衡量标准，而交互设计则以用户体验作为设计的衡量标准。

本章将向读者介绍交互设计与用户体验的相关知识，使读者理解交互设计与用户体验之间的关系，并掌握如何通过出色的交互设计来提升产品的用户体验。

3.1
用户体验与交互设计的基本知识

在网络发展初期，由于技术和产业发展的不成熟，交互设计更多地追求技术创新或者功能开发，而很少考虑用户在交互过程中的感受。这就使得很多交互设计过于复杂或者过于技术化，让用户理解和操作起来困难重重，因而大大降低了用户参与网络互动的兴趣。随着数字技术的发展以及市场竞争的日趋激烈，很多交互设计师开始将目光转向如何为用户创造更好的交互体验，从而吸引用户参与到网络交互中。于是，用户体验（User Experience）逐渐成为交互设计的首要关注点和重要评价标准。

3.1.1 用户体验概述

用户体验是用户在使用产品或服务的过程中生成的一种纯主观的心理感受。从用户的角度来说，用户体验是产品在现实世界的表现和使用方式，渗透到用户与产品交互的各个方面，包括用户对品牌特征、信息可用性、功能性、内容性等方面的体验。不仅如此，用户体验还具有多层次性，并且贯穿人机交互的全过程，既有对产品操作的交互体验，又有在交互过程中触发的认知、情感体验，比如享受和娱乐等。从这个意义上讲，交互设计就是创建新的用户体验的设计。

> **提示**
>
> 用户体验设计的范围很广，而且在不断地扩张，本书主要讨论网络环境中的用户体验设计。用户体验这一概念的定义有多种，不同的领域有不同的阐述。

用户体验这一领域的建立，正是为了全面地分析和透视用户在使用某个产品、系统或服务时的感受，其研究重点是产品、系统或服务给用户带来的愉悦度和价值感，而不是性能和功能的表现。

3.1.2 基础体验类型

用户体验是主观的、多层次的和多领域的，可以分为以下6种基础体验，如图3-1所示。

1. 感官体验

感官体验涉及界面浏览的便捷程度、界面布局的规律、界面色彩的设计等多个方面，这些都会影响用户最基本的视听体验。感官体验是用户生理上的体验，强调用户在使用产品、系统或服务过程中的舒适性。图3-2所示为感官体验出色的UI设计。

图 3-1　基础体验

图 3-2　感官体验出色的 UI 设计

2. 交互体验

交互体验是用户在操作过程中的体验，强调易用性和可用性。交互体验主要包括人机交互和人与人之间的交互两个方面的内容。针对互联网的特点，交互体验设计包括用户使用和注册过程中的复杂度与易用性问题、有关数据表单的可用性问题，还包括吸引用户提交表单数据以及反馈意见等问题。图3-3所示为交互体验出色的UI设计。

3. 情感体验

情感体验是用户心理方面的体验，强调产品、系统或服务的友好度。首先产品、系统或服务应该给予用户一种可亲近的心理感受，使用户在不断交流过程中逐步形成一种多次互动的良好的友善意识，最终与产品、系统或服务之间延续一段时间的友好体验。

4. 信任体验

信任体验是一种涉及从生理、心理到社会的综合体验，强调可信任性。由于互联网世界具有虚拟性的特点，安全需求是首先被用户考虑的内容，因此信任理所当然被提升到一个十分重要的地位。首先需要建立心理上的信任，在此基础上借助产品、系统或服务的可信技术，以及网络社会的信用机制逐步建立更多的信任。信任是用户在网络中进行各种操作的基础。

该机票预订 App 界面使用大号的粗体文字来表现机票的相关信息，使其在界面中的表现效果非常突出。座位的选择界面使用机舱内部的实景图片作为背景，在图片上直接标注相应的座位号，使用户在选择座位时更加直观、便捷。

该 App 的登录界面采用了弹出式的动画交互方式，从而能在第一时间取悦用户。轻微的弹入和渐隐效果使得登录界面看起来非常活泼，给用户很好的提示和反馈，这些都能为用户带来良好的交互体验。

图3-3　交互体验出色的UI设计

5. 价值体验

价值体验是一种用户经济活动的体验，强调商业价值。在经济社会中，人们的商业活动以交换为目的，产品最终实现其使用价值。人们在使用产品的不同阶段受到感官、心理和情感等不同方面和层次的影响,以及在企业和产品品牌、影响力等社会认知因素的共同作用下,最终得到与商业价值相关的主观感受,这是用户在商业活动中最重要的体验之一。

6. 文化体验

文化体验是一种涉及社会层次的体验,强调产品的时尚性和文化性。绚丽多彩的外观设计、诱人的价值、超强的产品功能和完善的售后服务固然是用户所需要的,但这样的产品依然可能无法给用户带来耳目一新或"惊世骇俗"的消费体验。如果能对时尚元素、文化元素进行发掘、加工和提炼,并与产品进行有机结合,就会给人带来一种完美、享受的文化体验。图3-4所示为文化体验出色的UI设计。

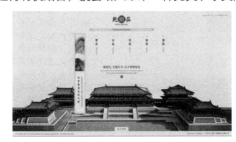

这是一个房地产项目的网站UI设计,该设计充分运用了多种中国传统文化元素。无论是图片素材、UI配色,还是排版方式,都能够表现出非常浓厚的中国传统文化。虽然这样的UI设计并不能给人带来很强的视觉冲击,但是其独特的表现方式和浓厚的文化氛围依然能够给用户留下深刻的印象。

图3-4 文化体验出色的UI设计

以上6种基础体验基于用户的主观感受,都涉及用户心理层次的需求。

> **提示**
>
> 需要说明的是,正是由于体验来自人们的主观感受(特别是心理层次的感受),所以对于相同的产品,不同的用户可能会有完全不同的用户体验。因此,进行用户体验研究,一定要关注人的心理需求和社会性问题。

3.1.3 交互设计的作用

移动设备的交互体验是一种"自助式"体验,没有可以事先阅读的说明书,也没有任何关于操作的培训,完全依靠用户自己去寻找互动的途径,即便被困在某处,用户也只能自己想办法,因此交互设计会极大地影响用户体验。好的交互设计应该尽量避免对用户的参与造成任何困难,同时做到在出现问题时及时提醒用户并尽快帮助用户解决,从而保证用户的感官、认知、行为和情感体验最佳。图3-5所示为某影视App中的UI交互设计。

该影视 App 中 的 UI 交互设计能够有效引导用户在界面中进行滑动切换操作。当用户在界面中滑动切换影视海报图片时,该影视 App 会采用动画的方式表现交互效果,给用户带来较强的视觉动感,也为用户在 UI 中的操作增添了乐趣。

图3-5 某影视App中的UI交互设计

反过来，用户体验又对交互设计起着非常重要的指导作用。因此，用户体验是交互设计的首要关注点和重要评价标准。从了解用户的需求入手，到对各种可能的用户体验的分析，再到对用户体验的最终测试，交互设计应该将对用户体验的关注贯穿于设计的全过程。即便是一个小小的设计决策，设计师也应该从用户体验的角度去思考。图3-6所示为某闹钟App中的UI交互设计。

开关按钮同样的颜色表示不同的状态。

不同的背景颜色表示信息的不同状态，深色背景表示当前状态为选中状态。

这是一款闹钟App的UI交互设计，图形化的时钟表盘设计引导用户设定闹钟时间，闹钟列表界面又通过不同的颜色、小图标等为用户提供非常清晰的指引。

图3-6 某闹钟App中的UI交互设计

3.1.4 交互设计的5个要素

交互设计作为一种设计，难免会被拿来和其他设计（如平面设计、建筑设计、工业设计等）相比较。交互设计和其他设计都是有目的和计划的创作行为，但是它们的对象却截然不同。其他设计的对象是信息、材质、空间，而交互设计的对象是行为。

想要利用互联网产品满足某种需求，就需要通过一个个行为（点击、滑动、输入等）来实现。而交互设计师则负责设计这些行为，让用户知道自己在哪、能去哪、怎么去。

图3-7所示为使用购物App购买商品的基本流程。

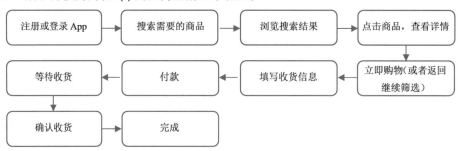

图3-7 使用购物App购买商品的基本流程

交互设计的5个要素分别是：用户、行为、目标、媒介、场景。

1. 用户

产品立项后，要先确定产品定位，再了解用户。互联网产品可能存在很多类用户，进行研究时一定要以目标用户为主。从不同渠道去收集、筛选目标用户的需求，要注意确定需求优先级，注意确保需求是真实的。

2. 行为和目标

使用产品时，不同用户可能有不同目标，一个用户也可能有多个目标。研究用户的目标是为了确定需求、清楚产品要满足用户多少个目标，以便交互设计师再根据不同的目标去设计不同的行为流程。错误的目标、烦琐的行为流程，都会导致用户放弃产品。

提示

按照用户目标的不同，可以将用户的行为流程分为渐进式、往复式和随机式。

3. 媒介

媒介可以理解为产品形态，产品的媒介包括App、网站、公众号、微信小程序、H5宣传页……互联网产品常见的媒介是App和网站。不同的媒介有不同的特点，企业一定要根据自己的业务类型来选择适当的媒介，同时考虑其性价比。

4. 场景

场景是一个很容易被忽视的要素。随着智能手机的快速普及，在移动互联网时代下，用户使用产品的场景变得更为复杂，可能在嘈杂的地铁里，也可能站在路边、躺在床上等。

例如，大家熟悉的打车软件一般都会有两个App：一个是乘客端App、一个是司机端App。司机端App的用户是司机，而司机为了安全，一般会把手机固定在手机支架上，这个场景就是司机端App所处的主要场景，那么设计App时就要考虑到车内光线问题、司机操作便捷性和安全性问题。图3-8所示为根据使用场景设计的不同配色的UI。

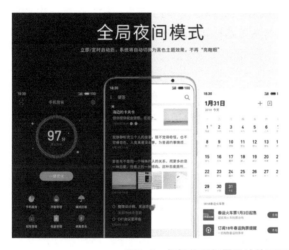

在光线充足的环境中，阅读黑底白字时，眼睛疲劳速度会加快。但在夜间，由于人眼已经适应了暗环境，疲劳感产生的速度较慢。现在许多App的界面都会设计夜间模式，夜间模式通常会采用深色背景搭配浅色内容，从而使用户获得更好的视觉体验。例如，在该App的UI设计中，白天模式下的界面会使用传统的白色背景，而夜间模式下的界面则会使用深灰色背景，从而为用户带来更好的体验。

图3-8 根据使用场景设计的不同配色的UI

交互设计的工作之一是规划概念模型，概念模型用于在交互设计的开发过程中保持使用方式的一致性。了解用户对产品交互模式的想法，可以帮助设计师挑选出最有效的概念模型。用户与产品的交互更多地表现为产品呈现给用户在UI操作中的体验。

3.2.1 交互设计模式

从用户角度来说，交互设计本质上是一种让产品易用、有效且让人感到愉悦的技术。它致力于了解目标用户和他们的期望，了解用户在与产品交互时的行为，了解"人"本身的心理和行为特点；同时，还包括了解各种有效的交互方式，并对它们进行增强和扩充。交互设计的目的在于通过对产品的界面和交互方式进行设计，在产品和它的使用者之间建立一种有机关系，从而有效达成使用者的目标。出色的交互设计的模式如图3-9所示。

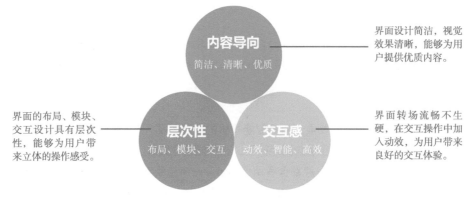

图3-9　出色的交互设计模式

交互设计直接影响着用户体验，它决定用户如何设置信息架构、如何安排需要用户看到的内容，并保证用最清晰的方式来展现合适的数据。交互设计不同于信息架构，信息架构就像道路的铺设，决定地形的最佳路径，而交互设计就像放置路标并为用户画出地图。

3.2.2　提升转化率

转化率不仅受限于产品本身，还与产品界面中的按钮布局有关，这尤其体现在同类型的竞品对比中。小小的按钮布局也有很大的学问，而这些学问便包括"手势点击区域"。图3-10所示为不同类型屏幕的手势点击区域以及操作难易程度。

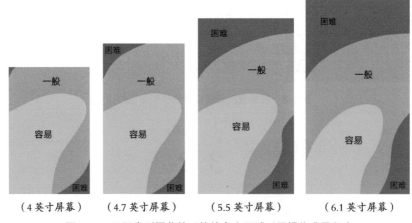

（4英寸屏幕）　　（4.7英寸屏幕）　　（5.5英寸屏幕）　　（6.1英寸屏幕）

图3-10　不同类型屏幕的手势的点击区域以及操作难易程度

通过对不同尺寸的手机屏幕的手势点击区域进行分析，可以得到以下几个提升转化率的方法。

1. 底部操作区域坚持50%法则

在移动UI交互设计中，通常会将一些功能操作按钮或图标放置在界面的底部，例如，电商类App界面通常会将"加入购物车""立即购买"等按钮放置在底部，而这些按钮都是关系到转化率的重要功能操作按钮。所以一些关系到转化率的关键功能操作按钮需要坚持50%法则（将重要功能放在界面底部的右侧一半区域内），并且尽量靠近界面的右侧，因为大多数用户是使用右手持机操作的。图3-11所示为淘宝App的商品详情界面。

2. 不在界面中上区域放置关键功能操作按钮

观察不同尺寸手机屏幕的手势点击区域可以发现：屏幕中上方区域的操作难易程度为一般或困难，所以界面的中上方区域不适合放置关键功能操作按钮。如果一定要在该区域设置关键功能操作按钮，可以考虑为其搭配手势交互。图3-12所示为京东App的商品详情界面。

界面底部的"加入购物车"和"立即购买"按钮都属于提升转化率的关键功能按钮，将其放置在界面底部的右侧，便于用户点击。

界面的中上部分使用了大面积区域展示商品图片，并且提供了多张图片进行展示。因为该区域属于点击难度为困难或一般的区域，所以在界面中搭配了左右滑动切换的手势交互。

图3-11　淘宝App的商品详情界面　　　图3-12　京东App的商品详情界面

3. 提升点击"返回"功能操作按钮的难度

通常情况下，在UI设计中都会将"返回"功能操作按钮放置在界面的左上角位置，如图3-13所示。因为该位置属于点击困难区域，用户单手操作时不容易点击，这样就可以使用户留在当前界面的时间更久一些。如果将"返回"功能按钮放置在界面底部的左下角位置，效果则完全不同，如图3-14所示。该区域属于容易点击区域，加上存在误操作的可能，非常不利于留存用户。

放置在点击困难区域，用户不便于点击，有利于留存用户。

放置在容易点击区域，用户容易误操作，不利于留存用户。

图3-13　"返回"功能操作按钮放置在左上角位置　　图3-14　"返回"功能操作按钮放置在左下角位置

4. 手势交互的触发区域最好位于容易点击区域

在UI设计中加入手势交互，是为了让用户能够更加方便、快捷地使用产品的相关功能，所以确定手势交互的触发难度十分关键，通常将能够触发手势交互的元素放置在界面中的容易点击区域。图3-15所示为某App界面的交互设计。

在该界面中的任意位置进行滑动操作，都可以切换当前界面显示的内容，并且每个界面中重要的功能操作按钮都位于容易点击区域。

图3-15　某App界面的交互设计

3.2.3　独特的UI交互技巧

交互设计创造和建立的是人与产品或服务之间有意义的关系，出色的UI交互设计能够有效提高界面的可用性，从而提升产品的用户体验。

1. 功能分组

功能分组是指将一组工具图标隐藏于某一个交互图标当中。只有当用户点击交互图标时，UI界面才会以动效的方式显示出隐藏的工具图标，从而将界面更多的区域用于表现内容。图3-16所示为功能分组交互动效。

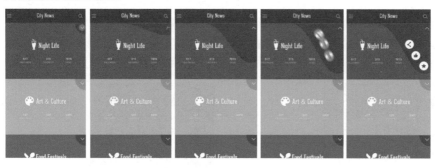

在该功能分组交互动效设计中，每一个选项卡都包含一组隐藏的图标，当用户点击选项卡右上角的图标时，该图标的背景色块会发生变形，同时一组图标沿着背景图形的曲线进入相应的位置，整体表现具有很强的动感，能给用户带来很好的体验。

图3-16　功能分组交互动效

功能分组这种交互表现方式的优势主要表现在以下几个方面。

① 交互布局新颖，能够突出界面中的主要功能和内容，隐藏使用频率低的次要功能。

② 降低用户的学习成本，创造出更加沉浸式的体验。

③ 简洁的UI布局，可以加强界面内容的导向性。

2. 创建沉浸式设计

沉浸式设计要尽可能排除用户关注内容之外的所有干扰，让用户能够更好地集中注意力去执行操作，并且可能会利用用户高度集中的注意力来引导其产生某些情感与体验。

UI设计的最终目标是让用户根本感觉不到物理界面的存在，使交互操作更加自然，类似于现实世界中人与物的互动方式。例如，用户在UI中进行阅读或欣赏音乐的时候，可以将界面中不需要的功能模块暂时隐藏起来，从而享受沉浸式的体验。图3-17所示为某图书阅读App的交互动效。

3. z轴延展

设计师在对UI的交互方式进行构思时，该如何让用户的操作更加便捷？该如何让用户能更快捷地在多个界面或多个功能模块中进行切换？早在2014年，Google就推出了Material Design设计语言，其中包含不少优秀的设计理念，如模拟三维空间的z轴技巧。图3-18所示为某音乐App中的z轴延展交互动效。

某图书阅读 App 的交互动效为当用户点击界面中某个图书的封面图片时，该图书的封面图片会在当前位置放大并结合翻页的动效切换到该图书的正文内容界面。这种结合现实的动效表现方式，能在视觉上给用户很好的反馈，使用户专注于当前的操作，创造出沉浸式的体验。

图3-17　某图书阅读App的交互动效

该音乐 App 界面使用的就是 z 轴延展交互动效，为切换音乐专辑的交互动作添加了现实生活中卡片滑动切换的效果，在交互动效中通过图片在三维空间中的滑动来实现音乐专辑的切换，使用户更容易理解。

图3-18　某音乐App中的z轴延展交互动效

　　z轴延展的交互表现方式比较适用于多任务之间的快速切换，以提高用户在操作上的使用体验。这种交互表现方式的优势主要体现在以下几个方面。

　　① 交互形式新颖，操作参与感强，能有效提升用户的操作体验。

　　② 不需要反复进行返回操作就能快速返回到初始界面中。

　　③ 层级清晰，x轴和y轴为当前界面，z轴为前任务流。

3.3　可用性设计

　　随着计算机网络技术的发展以及交互设计研究的深入，20世纪80年代中期，设计领域流行"对用户友好"的口号，后来这个口号被转化为"可用性"的设计理念。

3.3.1　什么是可用性

　　可用性是指用户在使用交互产品时的易学、高效和满意的程度，即用户能否使用交互产品完成相应的任务、效率如何、主观感受怎么样，也就是从用户的角度来描述产品的质量，是用户在交互过程中的体验。

尽管可用性目前已经被广泛认为是衡量交互设计质量的重要指标，但是至今依然没有形成统一的定义，因此不同的组织对可用性有着不同的解释。ISO9241/11国际标准将可用性定义为：产品在特定使用环境下，为特定用户用于特定用途时所具有的有效性、效率和用户主观满意度。

其中，有效性是用户完成特定任务和达到特定目标时所具有的准确度和完整性；效率是用户完成任务的准确度和完整性与所使用资源（如时间、体力、材料等）之间的比率；满意度是用户在使用产品过程中的主观反应，主要描述用户使用产品时的舒适度和接受程度。

3.3.2 可用性的表现

在交互设计领域中，尤其在软件设计中，可用性通常表现在以下几个方面。

① 能够使用户把知觉的思维集中到当前任务上，可以按照用户的行动过程进行操作，不必分心寻找人机界面的菜单、导航或理解设计结构与图标，不必分心考虑如何把当前任务转换成计算机的输入方式和输入过程。

② 用户不必记忆关于计算机硬件和软件的知识。

③ 用户不必为手上的操作分心，操作动作简单。

④ 在非正常环境和情景中，用户仍然能够正常进行操作。

⑤ 用户在理解和操作上出错较少。

⑥ 用户学习操作的时间较短。

由此可见，可用性涉及交互设计从创意理念到技术实现的方方面面。图3-19所示为可用性表现突出的UI交互设计。

该智能家居App界面为每一个控制选项都搭配了背景色块，并且为每一个控制选项都搭配了相应的图标，很好地突出了不同控制选项的表现，方便用户的操作。

图3-19 可用性表现突出的UI交互设计

对于可用性和用户体验的关系，有些学者将两者并列为用户在交互过程中的不同感受和体验，认为两者在实现目标和实现方法上有所不同。可用性要求交互设计具有易用性、易学性、安全性、容错性等特点，从而使用户能高效地参与到互动中；用户体验则更强调用户在交互过程中的审美、心理和情感体验，如富有美感、让人满意、让人得到精神上的满足等。然而，这是一种对用户体验的狭义理解。从本书第1章对用户体验的定义可以看出，用户体验的内涵广泛，涉及人机交互的方方面面，指的是用户在人机交互过程中综合的心理感受。因此，可用性包含在用户体验中，是影响用户体验的重要因素之一。

> **提示**
>
> 除了可用性外，用户体验还受到品牌、功能、内容等因素的影响。交互设计应该符合可用性的设计原则，从而保证交互设计能够提供良好的用户体验。

3.3.3 实战——使用Adobe XD设计影视App界面

本小节将带领读者在Adobe XD中完成一个影视App界面的设计。本App界面设计简洁、大方，为每部电影都搭配了不同的背景色块，使电影信息能够很好地从背景中凸显出来，辨识度非常高，非常有利于用户进行点击操作。图3-20所示为该影视App界面的最终效果。

图3-20　影视App界面的最终效果

*　色彩分析

白色背景与该电影的主题色形成非常强烈的对比，表现出很强的视觉冲击力。在影片详情界面的底部加入黑色按钮，除了能够突出功能按钮的表现之外，还能够使整个界面的视觉表现效果更加稳定。

*　交互体验分析

在该影视App界面中可以制作各影视作品的入场动效，如逐个放大显示的动效、逐个从侧面或底部入场的动效，但是需要保持动效的统一性，并且动效持续时间要尽可能短。在该影视App界面中点击某个影片信息时，可以通过逐渐放大点击位置的方式，过渡到影片详情界面，从而实现界面之间的平滑切换。

*　设计步骤

> **实 战**
>
> **使用Adobe XD设计影视App界面**
> 源文件：源文件\第3章\3-3-3.xd　　　　视频：视频\第3章\3-3-3.mp4

01.　启动Adobe XD，在手机型号下拉列表中选择"iPhone XR、XS Max、11(414×896)"选项，如图3-21所示。新建一个与iPhone XR、iPhone XS Max、iPhone11屏幕尺寸相同的文档。选择"文本"工具，在画板中单击并输入文字，设置文字的"填充"为黑色，如图3-22所示。

图3-21　选择手机型号

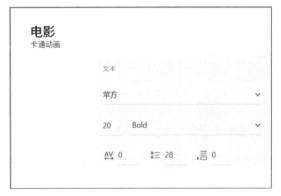

图3-22　输入文字（1）

02.　选择"钢笔工具"，在画板中绘制路径，在属性面板中设置"填充"为无、"边界"为黑色，并对其他选项进行设置，效果如图3-23所示。打开"素材333.xd"文件，将相应的图标复制到当前画板中，效果如图3-24所示。

图3-23 绘制路径

图3-24 复制图标到画板中

03．选择"文本"工具，在画板中单击并输入文字，设置文字的"填充"为黑色，如图3-25所示。使用相同的方法，输入其他标签文字，并设置其他标签文字的"不透明度"为30%，效果如图3-26所示。

图3-25 输入文字（2）

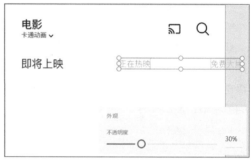

图3-26 输入标签文字并设置不透明度

04．选择"椭圆"工具，在画板中按住【Shift】键，拖曳鼠标指针绘制一个7像素×7像素的圆形，设置该圆形的"填充"为#2BB7BA、"边界"为无，效果如图3-27所示。选择"矩形"工具，在画板中绘制一个162像素×238像素的矩形，设置该矩形的"圆角半径"为10、"填充"为#348AED、"边界"为无，效果如图3-28所示。

05．将素材图片1801.png拖入画板中，调整位置，如图3-29所示。选择"文本"工具，在画板中单击并输入文字，设置文字的"填充"为白色，如图3-30所示。

图3-27 绘制圆形（1）

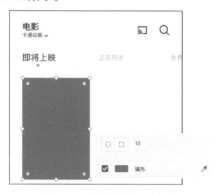

图3-28 绘制圆角矩形（1）

06．使用相同的方法，完成其他电影标签的制作，注意每个标签都使用不同的背景色块，以便区分不同的电影，如图3-31所示。单击该画板名称，选中画板，按住【Alt】键，拖曳鼠标指针复制画板，将复制得到的画板中的内容删除，双击画板名称对其进行修改，如图3-32所示。

图3-29　拖入素材图片（1）

图3-30　输入文字（3）

图3-31　制作其他电影标签

图3-32　复制画板

07. 选择"矩形"工具，在画板中绘制一个290像素×896像素的矩形，设置该矩形的"填充"为#348AED、"边界"为无，对圆角矩形选项进行设置，效果如图3-33所示。将素材图片1807.png拖入画板中，调整位置，如图3-34所示。

图3-33　绘制圆角矩形（2）

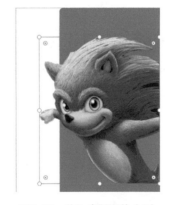

图3-34　拖入素材图片（2）

08. 选择"椭圆"工具，在画板中按住【Shift】键，拖曳鼠标指针绘制一个66像素×66像素的圆形，设置该圆形的"填充"为白色、"边界"为无，效果如图3-35所示。选择刚绘制的圆形，在"属性"面板中设置"阴影"为16%的黑色，对阴影相关选项进行设置，效果如图3-36所示。

09. 选择"多边形"工具，在画板中绘制一个23像素×20像素的三角形，设置该三角形的"填充"为#348AED、"边界"为无，对三角形选项进行设置，效果如图3-37所示。使用相同的方法，在画板中输入文字并拖入相应的素材图片，效果如图3-38所示。

图3-35　绘制圆形（2）

图3-36　设置阴影效果

图3-37　绘制三角形

图3-38　输入文字并拖入素材图片

10. 选择"矩形"工具，在画板中绘制一个355像素×70像素的矩形，设置该矩形的"填充"为黑色、"边界"为无，效果如图3-39所示。选择"文本"工具，在画板中单击并输入文字，设置文字的"填充"为白色，效果如图3-40所示。

11. 完成该影视App 界面的设计，最终效果如图3-41所示。

图3-39　绘制矩形

图3-40　输入文字（4）

图3-41　影视App界面的最终效果

3.4 沉浸感设计

只有既包含丰富的感官经验，又包含丰富的认知体验的UI设计才能让人沉浸其中。

3.4.1 什么是沉浸感

沉浸感也称为临场感，最早用于虚拟现实，指用户感觉自己作为主角存在于模拟环境中的真实程度。在UI设计中，良好的沉浸感可以使用户被界面深深地吸引，从而获得更好的用户情感体验。

在某些资料中，沉浸感被认为和存在感是同一概念。但实际上，两者有很大的区别。存在感强调对虚拟环境的感官知觉，主要用于描述现实技术带来的感知仿真性。沉浸感则强调对虚拟存在的心理感受，其描述的对象不一定是虚拟的环境，也可以是任何置身非现实世界的体验，如对文学世界的沉浸等。

沉浸感经常被认为是评价游戏用户体验的重要指标。游戏中的沉浸感可以分为两个层次：一是通过叙事所构建的游戏世界；二是玩家参与游戏策略的兴趣。这两者在一定程度上是互斥的，因为游戏中的叙事目前主要是通过线性视频来展现的，不需要玩家的参与，所以强调叙事就会增加视频而减少玩家的互动参与。

图3-42所示为具有沉浸式体验的机票预订交互设计。

该机票预订App界面的交互设计以机舱内部为界面背景，当用户选择好相应的出行时间和航班之后，点击相应按钮即可平滑过渡到机舱内部选择座位，选择座位之后以飞机飞行动效切换到订票成功界面，整个订票过程为用户提供了良好的沉浸式体验。

图3-42 具有沉浸式体验的机票预订交互设计

3.4.2 沉浸感的设计原则

UI设计需要实现沉浸感，使用户通过沉浸在界面所营造的世界中，享受UI设计所带来的心理和精神上的愉悦体验。沉浸感的设计原则如下。

1. 多感知体验设计

多感知指除了视觉感知能力外，UI设计还应该具有听觉、触觉，甚至味觉和嗅觉等感知能力，这些功能主要通过多媒体技术来实现。

> **提示**
>
> 现代多媒体技术是将声音、视频、图像、动画等各种媒体表现方式集于一体的信息处理技术，它可以把外部的媒体信息，通过计算机加工处理后，以图片、文字、声音、动画、影像等多种方式输出，以实现丰富的动态表现。多媒体技术可以激发用户的多感知体验。

理想的UI设计应该能够激发用户的一切感知系统，而目前智能移动设备的用户体验通常是视觉体验和听觉体验。但是由于人的各种感知相互连通、相互作用，因此对视觉信息和听觉信息的巧妙设计有时也会引起用户的其他感知体验。图3-43所示为通过视频增加界面沉浸感的App界面。

在UI设计中，色彩和构图是提升用户感知体验的重要途径。因为每种颜色都会带来一定的情感，这些情感会触发用户的其他感知系统。反过来，在进行UI设计时，也可以通过其他的感知系统来指导UI的配色。图3-44所示为通过色彩和构图提升用户感知体验的App界面。

该电商App突破了传统的图文结合的介绍和展示方式，通过视频展示、多件商品的搭配效果展示，给用户带来更加直观的感受，很容易激发用户的情感共鸣，使用户沉浸于App界面中。

该西式美食App的界面使用接近黑色的深灰色作为背景颜色，很好地表现了界面中美食产品的诱人色泽。简洁的文字与精美的高清美食图片相搭配，使表现效果非常直观，能在一定程度上引起用户的味觉体验。

图3-43　通过视频增加界面沉浸感的App界面　　**图3-44　通过色彩和构图提升用户感知体验的App界面**

2. 直接操作的交互设计

具有沉浸感的交互设计不应该通过对话框或者命令来实现某项功能，而应该通过直接操作来实现。例如，用户看见门上的把手，就会采取推或者拉的行为将门直接打开。因此，合理的设计应该打破界面的限制，将直接操作作为理想的互动方式。图3-45所示为通过交互设计营造沉浸感的App界面。

3. 三维界面的设计

UI设计的最终目标是让用户根本感觉不到物理界面的存在，使交互操作更加自然。这种交互方式类似于现实世界中人与物的互动方式。

三维界面是将用户界面及界面元素以三维的形式显示，从而在屏幕中创造一个虚拟的三维世界。三维界面具有丰富的多媒体表现力、很强的娱乐性和互动性。三维界面使用虚拟现实技术模仿真实世界，因此声音、影像和动画元素是必不可少的。图3-46所示为通过三维界面交互设计营造沉浸感的App界面。

在该App界面中，用户只需要使用该App对植物进行扫描，就能获取该植物的相关信息和种植方法，非常直观和方便。其操作过程也十分人性化，避免了用户输入信息进行搜索的烦琐过程。

该房屋中介App，以实景图片作为界面的背景，着力营造真实的空间环境。进入某套房屋的详情界面后，用户可以通过在屏幕上左右滑动，从而对房间进行360°的浏览。该App通过全景图片来塑造空间，给用户带来身临其境的感受。

图3-45　通过交互设计营造沉浸感的App界面　　**图3-46　通过三维界面交互设计营造沉浸感的App界面**

与二维界面相比，除了视觉元素具有三维立体感之外，三维界面中的音效也是立体、富有真实感的。在三维界面中，动态视频影像仍然是不可或缺的媒体要素，并且由于动态视频影像是实时渲染的，界面的互动能力也有所增强。

与二维网页相比，三维网页具有更强的娱乐性和交互性，比较适合用于虚拟博物馆、景点宣传、网上商店以及网络游戏等领域。

3.4.3 实战——使用Adobe XD设计美食App界面

本小节将带领读者在Adobe XD中完成一个美食App界面的设计。该美食App界面主要以美食图片的展示为主。为美食图片设计不同透明度的卡片叠加背景，突出界面内容的层次感，整个界面清晰、简洁、内容突出。图3-47所示为该美食App界面的最终效果。

图3-47 美食App界面的最终效果

＊ 色彩分析

该美食App使用餐厅内景图片作为界面背景，并且对背景图片进行了调暗处理，不仅渲染了餐厅的氛围，同时也有效突出了界面内容的表现。在界面中搭配白色的文字和功能操作图片，整个界面简洁、清晰。美食图片大多是暖色系效果，因此昏暗的背景能够有效凸显美食的诱人色泽，充分吸引用户的目光。

＊ 交互体验分析

该美食App界面以推荐美食图片的展示为主，采用叠加选项卡的形式，那么就可以在美食图片的切换上应用交互动效设计，如添加左滑或右滑的切换效果，或者是拖曳翻页的切换效果，从而使用户在界面中的操作更加平滑、流畅。

＊ 设计步骤

使用Adobe XD设计美食App界面
源文件：源文件\第3章\3-4-3.xd　　　　视频：视频\第3章\3-4-3.mp4

01. 启动Adobe XD，在手机型号下拉列表中选择"iPhone X、XS、11 Pro(375×812)"选项，如图3-48所示。新建一个与iPhone X、iPhone XS、iPhone 11 Pro屏幕尺寸相同的文档，如图3-49所示。

02. 执行"文件>导入"命令，弹出"导入"对话框，选择素材图片"源文件\第3章\素材\34301.png"，如图3–50所示。单击"导入"按钮，导入选择的素材图片，调整位置，如图3–51所示。

> **提示**
>
> 除了可以执行"文件>导入"命令导入素材图片外，还可以直接将所要导入的素材图片拖入Adobe XD软件中实现快速导入。

03. 选择"矩形"工具，绘制一个与屏幕尺寸相同的矩形，设置其"边界"为无，同时选中刚绘制的矩形和导入的素材图片，如图3–52所示。执行"对象>带有形状的蒙版"命令，创建形状蒙版，效果如图3–53所示。

图3-48 选择手机型号

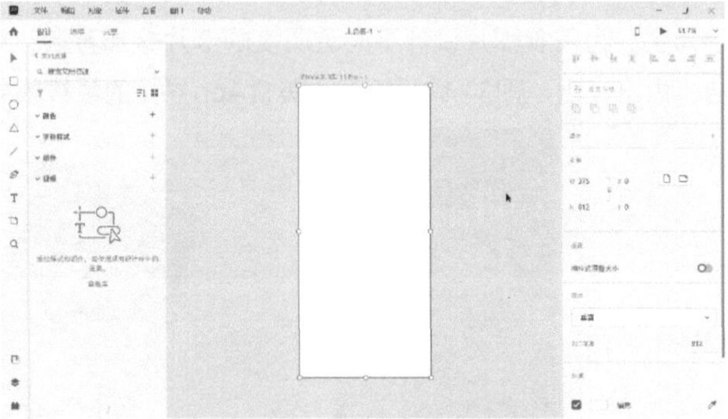

图3-50 选择素材图片

图3-49 新建指定屏幕尺寸的文档

图3-51 导入素材图片并调整位置

图3-52 同时选中两个对象

图3-53 创建形状蒙版

04．选择"矩形"工具，绘制一个与屏幕尺寸相同的矩形，在右侧的属性面板中设置其"填充"为黑色、"边界"为无、"不透明度"为40%，效果如图3-54所示。打开"素材343.xd"文件，将状态栏中的内容复制并粘贴到当前画板中，如图3-55所示。

05．选择"文本"工具，在画板中单击并输入文字，在属性面板中设置文字的相关选项，并设置文字的"填充"为白色，如图3-56所示。选择"矩形"工具，在画板中拖动鼠标指针绘制矩形，在属性面板中设置"填充"为白色、"边界"为无、"圆角半径"为12、"不透明度"为50%，效果如图3-57所示。

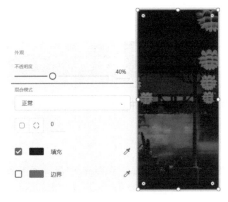

图3-54　绘制矩形并设置属性（1）

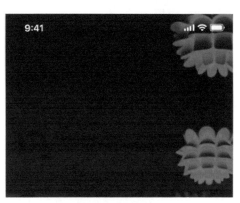

图3-55　添加状态栏

图3-56　输入文字并设置文字属性

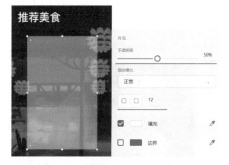

图3-57　绘制矩形并设置属性（2）

06．选择步骤05绘制的矩形，按【Ctrl+C】组合键，再按【Ctrl+V】组合键，复制该矩形，将复制得到的矩形调整到合适的大小和位置，并修改其"不透明度"为80%，效果如图3-58所示。再次复制该矩形，并将其调整到合适的大小和位置，修改其"不透明度"为100%、"圆角半径"为15，效果如图3-59所示。

图3-58　复制矩形并修改属性（1）

图3-59　复制矩形并修改属性（2）

07. 将素材图片"34302.jpg"拖入Adobe XD软件中的设计文档最上方的矩形中双击，调整图片的大小和位置，如图3-60所示。将最上方的矩形复制两个，并分别在矩形中拖入不同的素材图片，效果如图3-61所示。

图3-60　拖入素材图片并调整大小和位置　　　　图3-61　复制矩形并分别拖入不同的素材图片

提示

　　这里将3张美食素材图片叠加在一起是为了便于后期导入After Effects中制作图片翻页动效。

08. 选择"椭圆"工具，按住【Shift】键，在画板中绘制一个52像素×52像素的圆形，设置其"填充"为白色、"边界"为无，效果如图3-62所示。按住【Alt】键，拖曳刚绘制的圆形，将其复制两个，并分别调整到合适的位置，如图3-63所示。

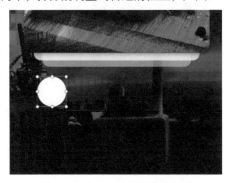

图3-62　绘制圆形并设置属性　　　　　　　图3-63　复制圆形并调整位置

09. 打开"素材343.xd"文件，将图标分别复制到当前画板中，如图3-64所示。选择"矩形"工具，在画板中绘制一个375像素×60像素的矩形，如图3-65所示。

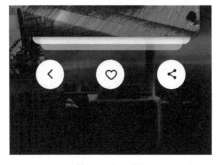

图3-64　复制图标　　　　　　　　　图3-65　绘制矩形

10. 在属性面板中设置矩形的"填充"为白色、"边界"为无，4个角的圆角半径值分别为15、15、0、0，效果如图3-66所示。使用相同的方法，完成底部标签栏的制作，效果如图3-67所示。

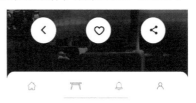

图3-66　设置矩形的属性和圆角半径值　　　　图3-67　完成底部标签栏的制作

11. 完成该美食App界面的设计，最终效果如图3-68所示。

图3-68　美食App界面的最终效果

3.5 情感化设计

UI设计经常讲到简洁、大气，但什么是简洁？怎样算大气？这些都是靠UI设计师主观去判断的，而主观的东西往往会带有情感，所以归根结底，UI设计就是将情感融入作品的一种设计，也就是所谓的情感化设计。

3.5.1　什么是情感化设计

传达情感是人们最日常的活动之一，也是人际交往的重要手段。情感是人们对外界事物的一种反应，主要取决于需求和期望。当需求和期望得到满足时，人们就会产生愉快的情绪；当需求和期望得不到满足时，人们就会产生负面的情绪。

人性化是人机交互学科中很重要的研究。人性化的人机交互会充分考虑用户的心理感受，将产品化身成一个有个性、有脾气的"人"，使产品更易得到用户的好感和共鸣。早在2002年，美国著名认知心理学家唐纳德·诺曼教授就提出了情感化设计的概念。他将产品特征分为4类：功能性、有用性、易用性和愉悦性。图3-69所示为产品特征金字塔，从中可以看出情感化设计处于金字塔顶端的位置。

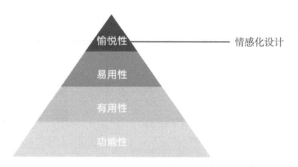

图3-69 产品特征金字塔

情感化设计旨在抓住用户的注意力、诱发用户的情绪反应（有意识的和无意识的），从而提高执行特定行为的可能性。通俗地讲，情感化设计就是以某种方式去刺激用户，让其产生情感波动以及认同感，最终对产品产生某种认知，并在心目中形成独特的定位。

只有当产品触及用户的内心时，产品才不再冷冰。用户通过眼前的产品，看到的是设计师为了他的使用体验，对每一个细节的用心琢磨，即便是批量生产也依然有量身定制的感觉。

3.5.2 互联网产品的情感化设计

由于产品设计的不同层次对应产品设计的不同环境，因此互联网产品情感化设计的着力点也有所差异。互联网产品的情感化设计主要针对产品的界面和视觉表现效果。

1. 别出心裁的创意

创意是设计的灵魂。设计的基本概念是人为了实现某种意图而进行的创造性活动。它有两个基本要素：一是人的目的性，二是活动的创造性。人们最初设计出一些用品往往只是为了方便生活，注重实用性，但是日子一长，就往往会觉得这些用品变得枯燥乏味，于是开始探寻一条新的设计之路，将感性的情感和抽象的创意思维融入设计中，于是出现了与众不同的设计理念，设计也由此成了一件很有意义的事情。图3-70所示为富有创意的UI设计。

2. 打动人心的色彩

通常使用某款App时，用户首先注意到的是界面的色彩设计，界面中的色彩要素主要包括主色调、文字的颜色和图片的色调等。图3-71所示为配色出众的App界面。

该日志分享 App 界面使用了不同的背景颜色来划分不同的内容区域，使得不同内容之间的划分非常清晰、明确，从而使用户浏览起来非常方便。并且背景色块的设计打破了常规的矩形设计，使界面表现出独特的视觉风格。

图3-70 富有创意的UI设计

该家居产品的 App 界面本可以使用纯白色的背景搭配蓝色的产品图片来很好地突出产品的表现效果，但是其在白色背景中加入了倾斜的蓝色背景色块作为装饰，使界面的表现效果更加独特而富有艺术性，体现出 UI 设计的审美情趣。

图3-71 配色出众的App界面

3. 合理统一的布局

界面布局的成功与否在于它的元素编排是否有利于信息传达以及是否能让用户产生视觉记忆。界面布局是指在一个有限的空间中，将图形、文字、色彩等多种元素进行有机的组合、合理的编排，使整个画面和谐统一、均衡调和。以人为本的情感化设计正是界面布局中应该重视的内容，合理的布局以易操作性为主导思想，使用户在使用过程中感受到便捷、高效，并能产生情感依赖。图3-72所示为合理布局的UI设计。

该灯具产品的UI界面使用深灰棕色与白色，将界面巧妙地划分为上下两个部分，内容表达清晰。首界面上半部分为深灰棕色背景，突出推荐产品的表现。产品详情界面，上半部分为产品图片，下半部分使用深灰棕色背景，突出产品信息的表现，视觉效果非常清晰。

图3-72 合理布局的UI设计

4. 方便易用的功能

设计的最初目的是使生产生活变得简单。所以在UI设计中，设计师应该以易操作为设计前提，设计出方便易用的功能，帮助用户更快地接受这个应用、更好地进行操作。

5. 和谐统一的交互

交互设计是一种让产品易用、有效，并且让人感到愉悦的技术，也是检验UI设计是否成功的一个重要指标。一个好的应用是可以进行交互、"动"起来、完成用户需求和情感表达的。App界面中的人机交互需要设计师灵活运用各种设计方法，让人机信息交互顺利地进行，使设计的产品能打动人心。图3-73所示为交互设计合理的UI设计。

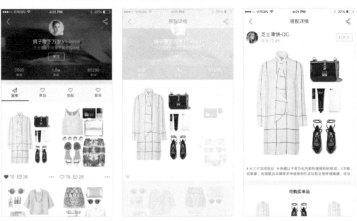

这是某个电商App界面中的交互设计。当用户点击某个商品图片后，该商品图片会逐渐放大并且界面会过渡到该商品的详细介绍界面中；当用户点击界面左上角的"返回"按钮时，商品图片会逐渐缩小并且界面会过渡到上一级界面中。这是一种非常自然的转场交互效果。

图3-73 交互设计合理的UI设计

3.5.3 UI情感化设计细节

一幅插图、一个动画、一句问候等简简单单的情感化设计有时就能够打动人心，使用户获得愉悦的感受。这些简单而美好的设计细节饱含积极情绪，是设计师满足产品的功能性和易用性后更高层次的追求。

1．下拉刷新

用户在使用App（特别是新闻类App）的过程中经常会进行下拉刷新操作。常见的下拉刷新操作的设计是图标加提示文字的形式，如图3-74所示。这种设计简单、直观，但缺乏设计感，不能调动用户的任何情绪。

图3-74　图标加提示文字的形式

下拉刷新状态是App的一种临时状态。设计细节丰富的下拉刷新状态并不会与产品界面格格不入，反而能够让产品获得用户的好感。图3-75所示为某美食App的下拉刷新状态设计。该App将下拉刷新状态设计为交互动效的表现形式，其盒子形象来自于品牌Logo，用户会在这种细节丰富的设计中对产品产生好感。

图3-75　某美食App的下拉刷新状态设计

2．头像设计

App中的个人中心界面与用户信息密切相关，通常会展示用户的虚拟形象。常见的形式是用户头像加登录提示文字的形式，如图3-76所示。这种默认的头像设计较难得到用户的认同。

图3-76　用户头像加登录提示文字的形式

现在很多App的个人中心界面已经放弃了死板的默认头像，给予用户更多的选择。赋予产品一些人格魅力，可以让产品富有生命力；避免人机界面的冰冷交互，可以帮助用户和产品建立友好的联系。图3-77所示为App个人中心界面的头像设置，其中不仅为用户提供了丰富的可供选择的头像，还支持头像图片的上传，让用户产生一种认同感。

图3-77　App个人中心界面的头像设置

3. 缺省页设计

缺省页通常指当前界面没有内容或者无网络时出现的界面。常见的缺省页设计形式是图标加提示文字的形式，这种设计会给用户造成很大的心理落差，使用户陷入负面情绪。此时情感化设计就可以发挥巨大的作用，减轻用户在看到一个毫无内容的界面时所产生的挫败感。

设计师可以根据产品属性和品牌特性对缺省页进行设计，比如动效或插画等情感化设计都可以很好地丰富界面内容。图3-78所示为缺省页的情感化设计。

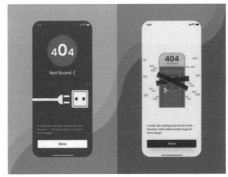

图3-78　缺省页的情感化设计

4. 标签栏微动效

UI的情感化设计越来越丰富，传统的标签栏图标在交互过程中会呈现变色或反白效果。如今，设计师可以在标签栏图标的交互过程中加入动效，使标签栏图标的交互过程变得更灵活。

图3-79所示为标签栏图标的微动效，精心设计的动态效果能够缓解用户等待时焦躁的心情，从心理上缩短用户等待时长，让品牌更加深入人心。

图3-79　标签栏图标的微动效

5. 模拟用户行为

如果一个产品可以模拟用户行为，将用户代入真实的情境中，用户就会对该产品产生强烈的认同感。图3-80所示的天气类App会根据当前天气的情况在界面背景中加入下雨、下雪等动效设计，甚至还会加入雨声、雷声等，让用户有身临其境的感觉。

图3-80 天气类App

　　情感化设计可以拉近用户与产品之间的距离，在更深层面体现出对人性的关怀，为人们带去情感上的愉悦。

　　洞悉用户的行为，满足用户的需求，情感交流就产生了。例如，当用户截了一张图片，打开微信对话框时，这张图片会自动显示，即产品提前预知了需求。

6. 有趣的细节设计

　　在UI设计中，有些有趣的细节设计是隐形的，需要用户自己去发现。当找到这颗彩蛋时，用户就会获得一份喜悦和乐趣，从而增强对产品的探索欲。

　　图3-81所示为某音乐App隐藏的动效设计。用户在播放《哈利·波特》主题曲时会触发飞鹰特效，引出评论区的彩蛋。若用户在评论区第9条和第10条评论之间双击屏幕，即可触发站台彩蛋。

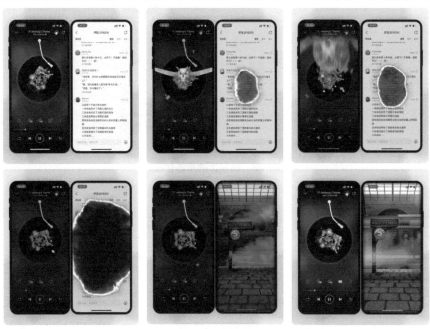

图3-81 某音乐App隐藏的动效设计

3.5.4 实战——使用Adobe XD设计音乐App界面

　　本小节将带领读者在Adobe XD中完成一个音乐App界面的设计。该音乐App界面的中间部分显示当前所播放音乐的封面图片和音乐相关的名称、歌手和专辑名称等内容，下方显示播放进度条和相关播放控制图标，整体表现效果简洁、大方，便于用户操作。图3-82所示为该音乐App界面的最终效果。

* 色彩分析

使用低明度的深蓝色作为界面的背景颜色，给人一种沉稳、大方的印象；界面中的文字和功能图标使用白色，与背景形成强烈的对比；界面中的播放进度条使用与背景颜色互补的红橙色微渐变进行搭配，突出重要信息的表现，同时活跃界面。

* 交互体验分析

音乐App界面中的交互表现比较多，可以为相应的功能操作按钮添加交互动效，使用户在点击功能按钮时得到良好的操作反馈；也可以为界面添加一些与音乐有关的表现动效，如播放音乐时在界面中表现出音乐波形等。这些交互动效不仅可以丰富界面的视觉表现效果，也能很好地提升产品的用户体验。

图3-82　音乐App界面的最终效果

* 设计步骤

实战

使用Adobe XD设计音乐App界面
源文件：源文件\第3章\3-5-4.xd　　　视频：视频\第3章\3-5-4.mp4

01. 启动Adobe XD，在手机型号下拉列表中选择"iPhone 13 mini(375×812)"选项，如图3-83所示。新建与一个iPhone 13 mini屏幕尺寸相同的文档。在右侧的属性面板中设置该画板的"填充"为#181B2C，双击画板名称，将其修改为"音乐播放"，如图3-84所示。

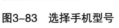

图3-83　选择手机型号　　　图3-84　设置画板填充颜色和名称

02. 打开"素材354.xd"文件，将状态栏内容复制并粘贴到当前画板中，如图3-85所示。从画板的边缘拖出参考线，为界面划分不同内容区域，如图3-86所示。

图3-85　添加状态栏　　　　　　　　　　**图3-86　拖出参考线**

03．选择"文本"工具，在画板中单击并输入标题文字，在属性面板中设置文字的相关选项，并设置文字的"填充"为白色，如图3-87所示。在"素材354.xd"文件中将"返回"和"音乐列表"图标复制并粘贴到设计文档中，然后分别放置在标题栏的左右两侧，效果如图3-88所示。

图3-87　输入文字并设置属性　　　　　　**图3-88　添加图标并调整位置**

04．选择"椭圆"工具，按住【Shift】键，在画板中拖曳鼠标指针绘制一个大小为237像素×237像素的圆形，如图3-89所示。在"属性"面板中设置圆形的"边界"为Alpha值为35%的白色、"描边宽度"为3，将素材图片"35401.jpg"拖入刚绘制的圆形中，如图3-90所示。

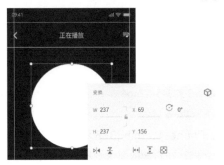

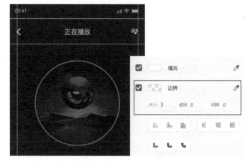

图3-89　绘制圆形　　　　　　　　　　**图3-90　拖入素材图片**

05．选择"文本"工具，在画板中单击并输入标题文字，如图3-91所示。选择"椭圆"工具，按住【Shift】键，在画板中拖曳鼠标指针绘制一个大小为4像素×4像素的圆形，设置其"边界"为无，如图3-92所示。

图3-91　输入文字　　　　　　　　　**图3-92　绘制圆形并设置属性（1）**

06. 选择"直线"工具，在画板中绘制一条直线段，设置其"描边宽度"为2、"端点"为"圆头端点"、"不透明度"为12%，效果如图3-93所示。选择"矩形"工具，在画板中拖曳鼠标指针绘制一个大小为240像素×3像素的矩形，设置其"边界"为无、"圆角半径"为9，效果如图3-94所示。

图3-93 绘制直线段并设置属性（1）　　　图3-94 绘制矩形并设置属性（1）

07. 单击属性面板"填充"选项上的拾色器图标，设置填充颜色为"线性渐变"，并设置渐变颜色，效果如图3-95所示。选择"椭圆"工具，按住【Shift】键，在画板中拖曳鼠标指针绘制一个大小为10像素×10像素的圆形，设置其"边界"为无，并为其填充线性渐变颜色，如图3-96所示。

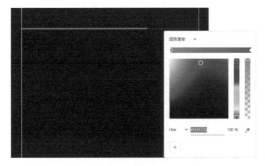

图3-95 为矩形填充线性渐变颜色　　　图3-96 绘制圆形并填充线性渐变颜色

08. 使用相同的方法，在"素材354.xd"文件中将与音乐播放控制相关的图标复制到设计文档中，并为相应的图标添加文字，效果如图3-97所示。选择"矩形"工具，在画板中拖曳鼠标指针绘制一个大小为375像素×67像素的矩形，设置其"填充"为#151827、"边界"为无，效果如图3-98所示。

图3-97 完成播放控制图标的制作　　　图3-98 绘制矩形并设置属性（2）

09. 选择"椭圆"工具，在画板中拖曳鼠标指针绘制一个椭圆形，设置其"边界"为无、"填充"为黑色，效果如图3-99所示。选中刚绘制的椭圆形，在属性面板的"效果"选项区中勾选"对象模糊"选项，设置"模糊量"为5，如图3-100所示。

10. 按【Ctrl+[】组合键，将椭圆形下移一层，并设置其"不透明度"为50%，效果如图3-101所示。使用相同的方法，在"素材354.xd"文件中将与标签栏相关的图标复制到设计文档中，并为图标添加文字，效果如图3-102所示。

图3-99　绘制椭圆形并设置属性

图3-100　设置"对象模糊"选项

图3-101　调整叠放顺序后的效果

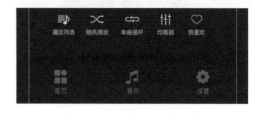

图3-102　完成标签栏图标的制作

11. 单击画板名称，选中画板，按住【Alt】键，拖曳鼠标指针复制画板，将复制得到的画板中的部分内容删除，修改画板名称，如图3-103所示。选择界面中的音乐封面图片，在属性面板中设置其"宽度"和"高度"均为160，调整位置，如图3-104所示。

图3-103　复制画板并修改画板名称

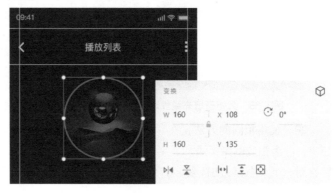

图3-104　修改音乐封面的大小和位置

12. 选择"椭圆"工具，按住【Shift】键，在画板中拖曳鼠标指针绘制一个大小为160像素×160像素的圆形，设置其"边界"为无，如图3-105所示。选择刚绘制的圆形，按【Ctrl+C】组合键，再按【Ctrl+V】组合键，将复制得到的圆形的"填充"设置为黑色、宽度和高度均设置为154，如图3-106所示。

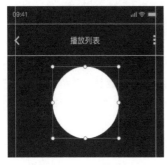

图3-105　绘制圆形并设置属性（2）

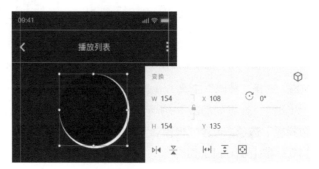

图3-106　复制圆形并修改颜色和尺寸

13. 同时选中两个圆形，单击属性面板中的"居中对齐（垂直）"和"居中对齐（水平）"按钮，将两个圆形居中对齐，如图3-107所示。保持两个圆形的选中状态，单击属性面板中的"减去"按钮，得到圆环图形，如图3-108所示。

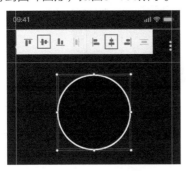

图3-107　将两个圆形居中对齐　　　　图3-108　得到圆环图形

14. 选择"钢笔"工具，在画板中绘制图形，设置其"边界"为无、"填充"为白色，如图3-109所示。同时选中刚绘制的图形和圆环图形，单击属性面板中的"减去"按钮，得到需要的图形，如图3-110所示。

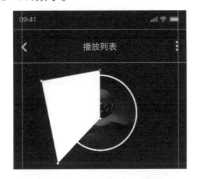
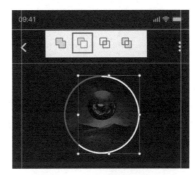

图3-109　绘制图形并设置属性　　　　图3-110　得到需要的图标

15. 单击属性面板中"填充"选项上的拾色器图标，设置其填充颜色为"线性渐变"，并设置渐变颜色，效果如图3-111所示。选择"椭圆"工具，按住【Shift】键，在画板中拖曳鼠标指针绘制一个大小为10像素×10像素的圆形，设置其"边界"为无，并为其填充线性渐变颜色，如图3-112所示。

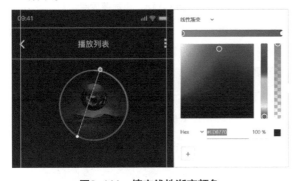

图3-111　填充线性渐变颜色　　　　图3-112　绘制圆形并设置属性（3）

16. 将"素材354.xd"文件中的图标复制到设计文档中，调整界面中文字的位置，效果如图3-113所示。选择"椭圆"工具，按住【Shift】键，在画板中拖曳鼠标指针绘制一个大小为46像素×46像素的圆形，设置其"边界"为Alpha值为35%的白色，如图3-114所示。

图3-113　复制图标并调整文字位置　　　　图3-114　绘制圆形并设置属性（4）

17．将素材图片"35402.jpg"拖入步骤10绘制的圆形中，如图3-115所示。选择"椭圆"工具，按住【Shift】键，在画板中拖曳鼠标指针绘制一个大小为14像素×14像素的圆形，设置其"填充"为#272B36、"边界"为无，效果如图3-116所示。

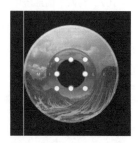

图3-115　将素材图片拖入圆形中　　　　图3-116　绘制圆形并设置属性（5）

18．选择"文本"工具，在画板中单击并输入文字，并为文字设置不同的"不透明度"，从而形成层次感，如图3-117所示。将"素材354.xd"文件中的播放图标复制并粘贴到设计文档中，效果如图3-118所示。

图3-117　输入文字并设置不透明度　　　　图3-118　添加播放图标

19．选择"直线"工具，在画板中绘制一条直线段，设置其"不透明度"为10%，效果如图3-119所示。使用相同的方法，完成音乐列表其他内容的制作，效果如图3-120所示。

图3-119　绘制直线段并设置属性（2）　　　　图3-120　完成音乐列表的制作

20. 完成音乐App中音乐播放和音乐列表两个界面的设计，最终效果如图3-121所示。

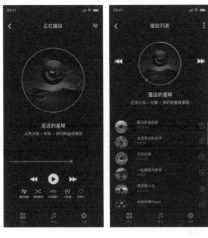

图3-121 音乐App界面的最终效果

3.6
优秀UI交互设计具有的特点

交互设计的重点体现在界面中细节的交互设计。出色的细节设计可以使App在竞争中脱颖而出，它们可能是实用的、不起眼的衬托，也可能使用户印象深刻，为用户提供帮助，甚至使用户流连忘返。

3.6.1 明确系统状态

系统应该在合理的时间内，通过合适的反馈告知用户将要发生的事情。也就是说，界面必须能够持续为用户提供良好的操作反馈。移动应用不应该引起用户的不断猜测，而应该告诉用户将要发生的事情。

合理的交互动效能够很好地为用户的操作提供合适的视觉反馈。在移动端应用的操作过程中，交互动效能够为用户提供实时的告知，使用户可以快速地理解发生的一切。图3-122所示为通过动效明确系统状态。

3.6.2 有触感

无论界面中的元素和操控元件处于哪个位置，它们的操控都应该是可感知的。产品通过及时响应输入以及操作反馈动画，能够为用户带来很好的指引。简单来说，可以对用户在界面中的操作行为给予视觉反馈，从而提升界面感知的清晰度。

合理的操作视觉反馈能够有效满足用户对接收信息的需求而产生作用，使用户在移动端界面中进行操作时产生掌控一切的感觉，从而获得很好的交互体验。图3-123所示为App界面通过交互动效使操作更具触感。

这是一个在线交流界面的交互动效设计，当用户点击界面中的语言输入图标时，界面下方的文字输入键盘将会向下移动并逐渐淡出，接着语言输入图标从界面下方移入界面，并且界面下方显示声音波形；当用户点击语言输入图标时，该图标将会反白显示并显示声音波形动画。界面总是能够表现出明确的系统状态，给用户以明确的提示。

图3-122　通过动效明确系统状态

在iOS系统的解锁界面中，当用户输入解锁密码出错时，数字键上方的小圆点会来回晃动，模仿摇头的动作提示用户重新输入。这样的交互动效设计能够使用户在界面中的操作具有真实触感。

图3-123　App界面通过交互动效使操作更具触感

3.6.3　有意义的转场动效

在设计中，可以借助交互动效的表现形式让用户在导航和内容之间流畅地切换，从而理解屏幕中元素的变化，或以此强化界面元素的层级。界面中的转场动效设计是一种取悦用户的手段，能够有效地吸引用户的注意力。转场动效在移动设备上显得尤为出色，毕竟方寸之间容不下大量信息的堆砌。图3-124所示为在App界面中加入有意义的转场动效。

在该家具产品App中，当用户在产品列表中点击某个产品图片后，该产品图片会逐渐移动位置并放大，界面中的列表信息逐渐消失，过渡到该产品的详情界面。在产品详情界面中左右滑动，可以切换不同的产品详情界面，还可以看到运动模糊效果，给人以速度感和运动感。界面的过渡转场效果非常自然、流畅，能为用户带来良好的浏览体验。

图3-124　在App界面中加入有意义的转场动效

3.6.4　引导用户

合理的载入体验与交互动效设计能够在用户初次接触该移动应用时对用户产生极大的冲击,在信息载入过程中发挥着重大作用。当用户进入App界面时,动画的表现形式能够突出最重要的特性和功能,给用户提供及时的引导和帮助。图3-125所示为通过动画展示主要功能的App。

这是某App启动后的初始界面。该初始界面通过演示动效的形式向用户展示该App的主要功能和特点,为用户提供必要的信息,从而引导用户高效地完成相应的操作。

图3-125　通过动画展示主要功能的App

3.6.5　强调界面的变化

在许多情况下,界面中的动效用于吸引用户对界面中重要细节的注意和关注。但是在界面中应用这类动效时需要确保该动效服务于界面中非常重要的功能,为用户提供良好的视觉指引,不能为了使界面更炫酷而盲目地添加动画效果。图3-126所示为通过交互动效强调界面变化的App。

App界面中常见的"收藏"功能图标的交互动效为:当用户点击"喜欢"功能图标时,红色的实心形图标逐渐放大并替换默认状态下的灰色线框心形图标。这样一个简单的交互操作动效就能给用户带来非常明确的操作反馈。

图3-126　通过交互动效强调界面变化的App

3.6.6　需要注意的细节

在界面中应用交互动效时应该注意以下几个方面的细节。

(1)交互动效在界面中几乎是不可见的,并且完全是功能性的。

确保交互动效服务于功能,不要让用户感觉到被打扰。对于常用的、次要的操作,建议采用适度的响应;而对于低频的、主要的操作,响应则应该更有分量。

(2)了解用户群体。

深刻了解前期的用户调研和目标受众,可以使界面中所设计的交互动效更加精确、有效。

(3)遵循KISS原则。

在界面中设计过多的交互动效会使产品产生严重的问题。交互动效不应该使屏幕信息过载,造成用户长时间等待；相反，它应该遵循KISS（keep if simple and stupid，简单直接）原则，通过迅速地传达有价值的信息来节省用户的时间。

（4）与界面元素的视觉风格相协调。

界面中的交互动效应该与界面元素的整体视觉风格相协调，以营造出和谐、统一的产品感知。

图3-127所示为App界面中交互动效的应用。

在餐饮美食 App 的列表界面中，当用户滑动界面时，界面开始缓慢运动，中间速度加快，最后缓慢地结束。这种运动方式就充分考虑了对象的运动规律，并且运动过程中的运动模糊效果使界面的动效表现更加真实、富有动感。

图3-127　App界面中交互动效的应用

3.7
网站UI与移动UI的差异

网站UI和移动UI的区别是：前者依托于PC浏览器，后者则依托于手机等移动设备。不同的平台有不同的特点，以至于这两类产品的设计方法也存在一些差异。下面将从交互设计的角度，介绍网站UI和移动UI在交互设计上的不同之处，以及它们各自的设计要点。

3.7.1　设备尺寸不同

移动设备的尺寸相对较小，不同移动设备的分辨率差异较大，并且移动设备支持横屏和竖屏的切换。PC端显示器分辨率较高，但是不同PC端显示器的分辨率不同，并且浏览器窗口可以缩放。

设计要点如下。

① 移动设备的屏幕尺寸较小，一屏能显示的内容有限，更需要明确界面中信息内容的重要性和优先级，优先级高的重要内容要突出展示、次要内容要适当使用"隐藏"方式，如图3-128所示。

② 因为移动设备的分辨率差异较大，所以移动UI在界面布局、图片显示、文字显示上需要兼顾不同的移动设备，这就要求设计师与开发人员共同配合做好适配工作。

③ 因为移动设备支持横屏、竖屏的自由切换，所以在设计移动UI时（特别是游戏、视频播放等）需要考虑用户是否有"切换手持方向"的需求、用户会在哪些情况下切换屏幕方向、界面内容如何进行切换展示等。

④ 网站UI因为显示器分辨率差异较大，并且浏览器窗口尺寸可变化，所以设计时需要考虑不同分辨率下的界面内容布局。也因为这一点，近几年响应式网站UI设计得到广泛应用，如图3-129所示。

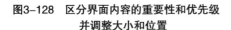

该App界面将信息内容设计为卡片的形式，采用多彩信息卡片的叠加处理，用户可以在界面中通过左右滑动的交互操作方式来浏览不同的卡片信息。这样不仅增加了界面信息的容量，同时也增强了界面的交互性。

图3-128　区分界面内容的重要性和优先级并调整大小和位置

随着移动互联网的发展，网站能够适应不同的设备进行展示已经成为一种标准，并且网站需要考虑到当用户使用不同的设备浏览时都能给予用户良好的体验，这样的网站才是用户体验良好的网站。

图3-129　响应式网站UI设计

3.7.2　交互方式不同

移动UI通过手指触碰移动设备屏幕进行交互操作，除了通用的点击操作之外，还支持滑动、捏合等各种复杂的手势。网站UI则使用鼠标或触摸板作为交互操作的媒介，用户多采用单击的操作方式，网站UI也支持拖曳、右击等操作方式。

＊ 设计要点

① 相比于鼠标，手指较难精确控制点击位置，所以App界面中的点击区域要设置得大一些，不同点击元素的间隔也不能太近，如图3-130所示。

② App支持丰富的手势操作，例如通过左滑选项显示该选项的"删除""取消关注"等选项。这种操作方式的特点是快捷高效，但是对于初学者来说有一定的学习成本。在合理设计快捷操作方式的同时，还需要支持最通用的点击方式来完成任务的操作流程，如图3-131所示。

③ App以单手操作为主，界面上的重要元素需要在用户单手可点击的范围之内，或者App提供其他快捷的手势操作。

④ 网站界面支持鼠标滑过的效果，网站中的一些提示信息通常采用鼠标滑过展开/收起的交互方式。但是App界面不支持这类交互效果，移动App通常需要用户点击特定的按钮图标来展示/收起相应的信息内容。

在该App界面的设计中，为了便于用户使用手指进行点击操作，各选项的可点击区域都设置得较大，并且各选项也保持了一定的间隔，从而用户更容易操作，并且界面中重要的功能选项按钮都使用与背景形成对比的色彩进行突出表现。

图3-130　重要功能选项的突出表现

这是一个移动端的列表界面，当用户将某个列表项向左滑动时，该列表项的右侧就会出现"删除"选项，用户点击"删除"选项就可以将该列表项删除。这是移动端App中常见的一种交互操作方式。

图3-131　App中常用的交互方式

3.7.3　使用环境不同

用户使用移动UI时既可以长时间使用，也可以利用碎片时间使用，并且使用环境多样。而网站UI的使用环境通常是室内办公桌前，使用时间相对较长。

＊　设计要点

① 使用App时，用户很容易被周边环境所影响，以至于未留意界面上展示的内容；用户长时间使用时更适合沉浸式浏览，用户利用碎片时间使用时可能没有足够的时间，每次浏览的内容有限，类似"收藏"等功能则比较实用；用户在移动过程中更容易误操作，需要考虑如何防止误操作、如何从错误中恢复。

② 网站的使用环境相对固定，用户更为专注。

3.7.4　网络环境不同

App的使用环境复杂，可能在移动过程中从信号通畅的环境到信号较差的环境，网络也可能从有到无、从快到慢。而网站通常在固定场所使用，网络相对稳定，且无须担心流量问题。

＊　设计要点

① 移动端用户在使用移动流量的情况下对流量比较重视，对于需要耗费较多流量的操作应给用户明确的提示，在用户允许的前提下再继续进行相应的操作，如图3-132所示。

② 用户在使用App时，常常会遇到网络异常的情况，需要重视这类场景下的错误提示，以及告知用户从错误中恢复的方法，如图3-133所示。

当用户使用移动流量进行浏览时，如果需要播放视频或者下载文件等需要耗费较多移动流量的操作时一定要给用户明确的提示，待用户同意后再继续相应的操作，这也是为用户考虑。

图3-132　需要消耗移动流量时需要提醒用户

移动端常常会遇到网络不稳定或不流畅的情况，所以需要设计网络不稳定或异常情况下的提示界面。该App使用卡通形象与简短的文字说明，表现效果直观、形象，并且为用户提供了"刷新"按钮，用户点击后就可以刷新当前界面。

图3-133　移动网络不稳定时需要给用户提示

3.7.5　基于位置服务的精细度不同

App中的定位功能可以较为精确地获取用户当前所在的具体位置，而网站的定位功能通常只能获取到用户当前所在的城市。

＊　设计要点

App可合理地利用用户的位置，给用户提供相应的服务。例如，地图类App，提供可以直接

移动 UI 交互设计与动效制作（微课版）

106

搜索"我的位置"到目的地的路线服务；生活服务类App，提供可以查询"我的位置"附近的美食、商场、电影院等服务。这样的方式省去了用户手动输入当前位置的操作，使App更加智能化。图3-134所示为利用移动定位功能提供相应服务的App。

天气类 App 是移动设备中常见的一种 App，它利用移动定位功能显示用户当前位置的天气情况，以及未来几天当前位置的天气预报。如果用户位置发生变化，则该 App 中的天气信息也会自动更新。

图3-134　利用移动定位功能提供相应服务的App

3.7.6　实战——使用Adobe XD设计家具App界面

本小节将带领读者在Adobe XD中完成一个家具App界面的设计。该家具App界面以家具产品图片的展示为主，将每个家具产品都设计为产品卡片的形式，有效突出产品的表现，使界面表现具有层次感，视觉效果清晰、简洁。图3-135所示为该家具App界面的最终效果。

图3-135　家具App界面的最终效果

*　色彩分析

使用低明度和低饱和度的深蓝色作为界面的背景颜色，给人稳重、大方的印象；界面中的文字和图标都使用白色，使其在深蓝色的背景上表现清晰，便于用户阅读和操作；局部重点文字信息和图标使用高饱和度的橙色，与背景的深蓝色形成对比，有效突出了重点信息和功能图标的表现，使界面表现更具现代感。

*　交互体验分析

Adobe XD的"原型"模式为用户提供了界面交互动效的制作选项，可以方便用户制作出一些常见的界面切换交互动效。本实战的家具App的UI设计完成后，将在Adobe XD的"原型"模式中制作在各界面之间切换的交互动效，从而更清晰地表现界面之间的切换与链接关系。图3-136所示为该家具App界面的交互动效。

图3-136　家具App界面的交互动效

* 设计步骤

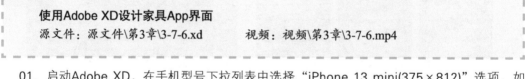

实 战

使用Adobe XD设计家具App界面
源文件：源文件\第3章\3-7-6.xd　　　　视频：视频\第3章\3-7-6.mp4

01. 启动Adobe XD，在手机型号下拉列表中选择"iPhone 13 mini(375×812)"选项，如图3-137所示。新建一个与iPhone 13 mini屏幕尺寸相同的文档。在右侧的属性面板中设置该画板的"填充"为#121432，双击画板名称，将其修改为"首页"，如图3-138所示。

图3-137　选择手机型号

图3-138　设置画板的填充颜色和名称

02. 打开"素材376.xd"文件，将状态栏中的内容复制到当前画板中，如图3-139所示。在"素材376.xd"文件中将"菜单"和"购物车"图标复制到设计文档中，并分别放置在标题栏的左右两侧，效果如图3-140所示。

图3-139 添加状态栏

图3-140 复制图标并调整位置

03. 选择"文本"工具，在画板中单击并输入标题文字，在属性面板中设置文字的相关选项，并设置部分文字的"填充"为#F54733，如图3-141所示。选择"矩形"工具，在画板中拖曳鼠标指针绘制一个大小为258像素×46像素的矩形，如图3-142所示。

图3-141 输入标题文字并设置属性

图3-142 绘制矩形（1）

04. 在"属性"面板中设置矩形的"边界"为无、"填充"为#20213E、"不透明度"为68%、"圆角半径"为10，效果如图3-143所示。在"素材376.xd"文件中将"搜索"图标复制并粘贴到设计文档中，然后输入相应的提示文字，如图3-144所示。

图3-143 设置矩形的相关属性（1）

图3-144 添加图标并输入文字

05. 使用相同的方法，完成搜索框右侧按钮的制作，如图3-145所示。选择"椭圆"工具，按住【Shift】键，在画板中拖曳鼠标指针绘制一个大小为60像素×60像素的圆形，设置其"填充"为#1B1D39、"边界"为无，如图3-146所示。

图3-145 完成搜索框右侧按钮的制作

图3-146 绘制圆形并设置属性（1）

06. 在"素材376.xd"文件中将沙发图标复制到设计文档中，如图3-147所示。使用相同的方法，完成该部分其他产品分类图标的制作，效果如图3-148所示。

图3-147　复制沙发图标

图3-148　完成其他产品分类图标的制作

07. 选择"矩形"工具，在画板中拖曳鼠标指针绘制一个大小为190像素×255像素的矩形，如图3-149所示。在"属性"面板中设置矩形的"边界"为无、"填充"为#E9E3DE、"不透明度"为12%、"圆角半径"为10，效果如图3-150所示。

图3-149　绘制矩形（2）

图3-150　设置矩形的相关属性（2）

08. 将素材图片"37601.jpg"拖入设计画板中，并调整大小和位置，如图3-151所示。选择"椭圆"工具，按住【Shift】键，在画板中拖曳鼠标指针绘制一个大小为24像素×24像素的圆形，设置其"填充"为#F54733、"边界"为无，如图3-152所示。

图3-151　拖入素材图片并调整大小和位置

图3-152　绘制圆形并设置属性（2）

09. 选中上一步绘制的圆形，在"属性"面板中设置"投影"颜色为Alpha值为32%的#F54733，并对"投影"的选项进行设置，效果如图3-153所示。使用相同的方法，添加相应的图标并输入相应的文字，完成该产品选项卡的制作，效果如图3-154所示。

10. 在画板中拖曳鼠标指针同时选中产品选项卡的全部内容，按住【Alt】键的同时拖曳鼠标指针进行复制，如图3-155所示。对复制得到的选项卡中的内容进行修改，快速完成第2个产品选项卡的制作，效果如图3-156所示。

图3-153 设置"投影"选项

图3-154 完成产品选项卡的制作

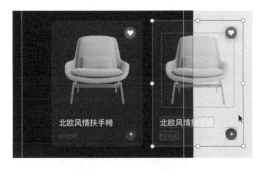

图3-155 复制选中的内容

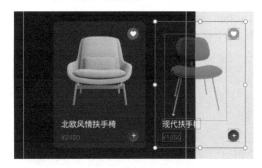

图3-156 完成第2个产品选项卡的制作

11. 使用相同的方法，完成第3个产品选项卡的制作，效果如图3-157所示。将每一个产品选项卡的内容编组。使用相同的方法，完成该界面中其他内容的制作，效果如图3-158所示。

图3-157 完成第3个产品选项卡的制作

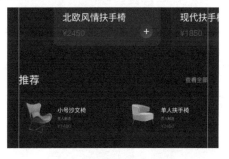

图3-158 完成界面中其他内容的制作

12. 单击"首页"画板名称，选中画板，按住【Alt】键的同时拖曳鼠标指针复制画板，将复制得到的画板中的部分内容删除，修改画板名称，如图3-159所示。对界面中的内容进行修改和调整，完成产品列表界面的制作，效果如图3-160所示。

13. 单击"产品列表"画板名称，选中画板，按住【Alt】键的同时拖曳鼠标指针复制画板，将复制得到的画板中的内容删除，修改画板名称，如图3-161所示。对界面中的内容进行修改和调整，完成产品详情界面的制作，效果如图3-162所示。

14. 完成该家具App界面的设计，最终效果如图3-163所示。

15. 接下来在Adobe XD中制作该家具App界面中的交互动效。首先制作"首页"界面中产品信息卡片左右滑动的切换动效。在标题栏中单击"原型"文字，切换到"原型"模式，单击"首页"画板名称，选中画板，按住【Alt】键的同时拖曳鼠标指针，将该画板复制两个，如图3-164所示。分别调整复制得到的画板中的产品信息卡片，如图3-165所示。

图3-159 复制画板、 图3-160 完成产品
删除内容并修改名称(1) 列表界面的制作

图3-161 复制画板、删除内容 图3-162 完成产品
并修改名称（2） 详情界面的制作

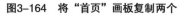

图3-163 家具App界面的最终效果

图3-164 将"首页"画板复制两个 图3-165 调整画板中的产品信息卡片

16. 选择"首页"画板，拖曳该画板的箭头图标使其与"首页-1"画板相连接，如图3-166所示。在右侧的属性面板中对两个界面之间的交互选项进行设置，如图3-167所示。

17. 选择"首页-1"画板，拖曳该画板的箭头图标使其与"首页-2"画板相连接，如图3-168所示。在右侧的属性面板中对两个界面之间的交互选项进行设置，如图3-169所示。完成"首页"界面中产品信息卡片切换动效的制作。

图3-166 创建"首页"画板到"首页-1"画板的连接

图3-167 设置两个界面之间的交互选项（1）

图3-168 创建"首页-1"画板到"首页-2"画板的连接

图3-169 设置两个界面之间的交互选项（2）

18. 接下来制作"产品列表"界面中产品卡片拖曳的交互动效。复制"产品列表"画板，并对复制得到的画板中的产品信息卡片进行调整，效果如图3-170所示。选择"产品列表"画板，拖曳该画板的箭头图标使其与"产品列表-1"画板相连接，如图3-171所示。

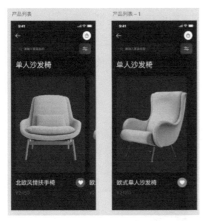

图3-170 复制画板并调整产品信息卡片

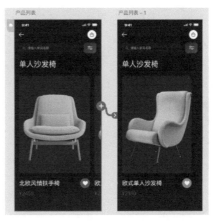

图3-171 创建"产品列表"画板到
"产品列表-1"画板的连接

19. 在右侧的属性面板中对两个界面之间的交互选项进行设置，如图3-172所示。选择"产品列表-1"画板，拖曳该画板的箭头图标使其与"产品列表"画板相连接，在右侧的属性面板中对两个界面之间的交互选项进行设置，如图3-173所示。

图3-172　设置两个界面之间的交互选项（3）

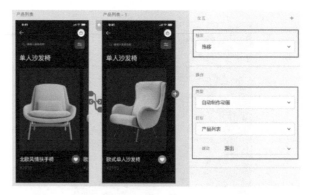

图3-173　创建两个画板之间的连接并设置交互选项

20. 接下来制作3个界面之间的切换过渡动效。选择"首页"界面中的"单人沙发椅"分类图标，拖曳该元素的箭头图标使其与"产品列表"画板相连接，如图3-174所示。在右侧的属性面板中对该连接的交互选项进行设置，如图3-175所示。

图3-174　创建元素与界面之间的连接（1）

图3-175　设置连接的交互选项（1）

21. 选择"产品列表"界面左上角的"返回"图标，拖曳该元素的箭头图标使其与"首页"画板相连接，如图3-176所示。在右侧的属性面板中对该连接的交互选项进行设置，如图3-177所示。

22. 选择"产品列表"界面中的产品图片，拖曳该元素的箭头图标使其与"产品详情"画板相连接，如图3-178所示。在右侧的属性面板中对该连接的交互选项进行设置，如图3-179所示。

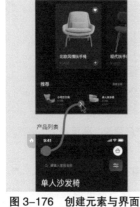

图3-176　创建元素与界面之间的连接（2）

图3-177　设置连接的交互选项（2）

图3-178　创建元素与界面之间的连接（3）

图3-179　设置连接的交互选项（3）

23. 选择"产品详情"界面左上角的"返回"图标，拖动该元素的箭头图标使其与"产品列表"画板相连接，如图3-180所示。在右侧的属性面板中对该连接的交互选项进行设置，如图3-181所示。

图3-180　创建元素与界面之间的连接（4）　　　**图3-181　设置连接的交互选项（4）**

24. 完成界面之间交互切换动效的制作。选择"首页"画板，执行"窗口>预览"命令，在弹出的"预览"窗口中可以预览界面中的交互动效，如图3-182所示。

图3-182　预览界面中的交互动效

3.8 练习题

1．选择题

（1）（ ）不属于用户体验的基础体验。

A．感官体验　　　B．交互体验　　　C．情感体验　　　D．使用体验

（2）（ ）是用户在操作过程中的体验。

A．感官体验　　　B．交互体验　　　C．情感体验　　　D．文化体验

（3）交互设计的对象是（ ）。

A．信息　　　　　B．材质　　　　　C．行为　　　　　D．空间

（4）以下关于可用性设计的说法错误的是（ ）

A．可用性是指用户在使用交互产品时的易学、高效和满意的程度

B．用户不必为手上的操作分心，操作动作简单

C．在非正常环境和情景中，用户仍然能够正常进行操作

D．用户学习操作的时间较长

（5）产品特征中的（ ）属于情感化设计的体现。

A．功能性　　　　B．有用性　　　　C．易用性　　　　D．愉悦性

2．判断题

（1）用户体验是用户在使用产品或服务的过程中生成的一种纯主观的心理感受。

（2）交互设计的5要素分别是：用户、界面、行为、目标、场景。

（3）交互设计的目的在于，通过对产品的界面和交互方式进行设计，在产品和它的使用者之间建立一种有机关系，从而可以有效完成使用者的目标。

（4）沉浸式设计要尽可能排除用户关注内容之外的所有干扰，让用户能够顺利地集中注意力去执行操作。

（5）互联网产品的情感化设计主要针对产品的功能和交互效果。

3．操作题

根据本章所学习的知识，完成一个App界面的设计，具体要求和规范如下。

＊ 内容/题材/形式。

可以是美食、影视等类型的App。

＊ 设计要求。

在Adobe XD中完成该App多个界面的设计和制作，并且在Adobe XD的"原型"模式下制作该App中多个界面之间的切换交互动效。

移动UI交互设计与动效制作（微课版）

UI元素交互动效

随着移动互联网技术的发展以及智能移动设备性能的提升，交互动效越来越多地被应用于实际项目中。

本章将向读者介绍不同UI元素交互动效的表现方式，并讲解UI元素交互动效的制作要点，使读者掌握UI元素交互动效的制作方法和表现方法。

4.1 交互动效

很多人在刚接触交互动效时，只是觉得新鲜、好玩，感觉UI设计看上去更加炫酷。其实，视觉上的炫酷并不是在交互设计中加入动效的主要目的。

4.1.1 交互动效概述

近些年，人们对产品的要求越来越高，越来越看重产品带给人的心理感受，这就要求设计师在设计产品时注重提升产品的用户体验。提升用户体验的目的在于给用户一些舒适的、与众不同的或意料之外的感觉。

UI交互动效作为一种提高交互操作可用性的方法，越来越受到重视，国内外各大企业都在自己的产品中加入了交互动效设计。图4-1所示为某音乐App的交互动效设计。

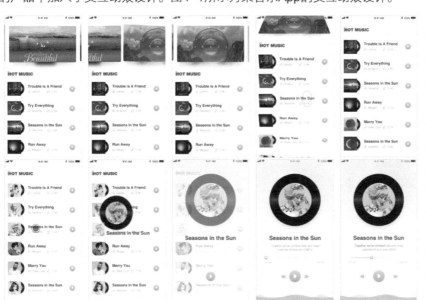

用户在界面顶部可以通过左右滑动的方式来选择不同的推荐专辑，还可以在界面下方的专辑列表中上下滑动，从而浏览更多的专辑。当用户点击某个专辑名称时，该专辑的图片会逐渐放大并移至界面的上半部分；与此同时界面中的其他信息会逐渐淡出，App界面会切换到该专辑的播放界面，显示相应的播放控件等。这些效果都是通过动效的方式呈现的，给用户带来了较强的视觉动感，也为用户在App界面中的操作增添了乐趣。

图4-1　某音乐App的交互动效设计

为什么现在的产品越来越注重动效设计？可以先从人们对产品元素的感知顺序来看，不难看出人们对产品的动态信息的感知是最强的，其次是产品的颜色，最后才是产品的形状，如图4-2所示。

图4-2　人们对产品元素的感知顺序

恰当的动效设计能够使用户更容易理解UI的交互方式。在产品的交互操作过程中恰当地加入精心设计的动效，能够向用户提示当前的操作状态，增强用户对直接操纵的感知力，并通过视觉化的方式向用户呈现操作结果。

4.1.2　优秀交互动效具有的特点

优秀的交互动效在操作过程中往往会被用户无视，而糟糕的交互动效却会迫使用户去注意界面，而非内容本身。

用户都是带着明确的目的来使用App的，如买一件商品、学习新知识、发现新音乐，或者寻找最近的吃饭地点等。实际上，用户不在意UI设计而关心App是否能够方便他们达到目的。优秀的交互动效设计应该对用户的点击或手势操作给予恰当的反馈，使用户能够非常方便地按照自己的意愿去操作App，从而增强App的使用体验。图4-3所示为某App的交互动效设计。

在该App中，当用户在界面中滑动切换图片时，界面会采用交互动效的方式表现效果。背景的信息卡片通过三维翻转的方式显示新的信息，图片则向左滑出直至消失，新图片从右侧滑入直至完全显示，增强了界面空间感的表现，同时也为用户在App界面中的操作增添了乐趣。

图4-3　某App的交互动效设计

优秀的交互动效具有如下特点。

① 快速并且流畅。

② 给交互以恰当的反馈。

③ 提升用户的操作感受。

④ 为用户提供良好的视觉效果。

提示

　　　　动效可以让交互设计师更清晰地阐述自己的设计理念。交互动效具有清晰的逻辑思维、能够配合研发人员更好地实现效果和帮助程序管理人员更好地完善产品等优点。

4.1.3　交互动效的优点

随着技术的不断发展，交互动效越来越多地被应用于实际项目中，特别是被大范围应用在移动UI中。那么，交互动效有哪些优点呢？

1. 展示产品功能

交互动效可以更加全面、形象地展示产品的功能、界面、交互操作等细节，让用户更直观地了解产品的核心特征、用途、使用方法等情况。图4-4所示为通过交互动效展示产品功能的App。

图4-4　通过交互动效展示产品功能的App。

2. 更有利于品牌建设

目前许多企业或品牌的Logo已经不局限于静态展示，采用动态效果进行展现，从而使品牌形象的表现更加生动。例如，电影片头中各制片公司的Logo采用动态方式进行展现。目前网络中也出现了越来越多采用动态方式展现品牌Logo的案例，如"爱奇艺""优酷"等视频网站。图4-5所示为某品牌的动态Logo设计。

图4-5　某品牌的动态Logo设计

3. 有利于展示交互原型

很多时候，静态的设计图也不见得能让观者一目了然。而采用交互动效展示产品设计，能够节约很多沟通成本。图4-6所示为产品的动态交互原型设计。

图4-6　产品的动态交互原型设计

4. 增强产品的亲和力和趣味性

在产品中合理地添加动态效果，能够拉近产品与用户之间的距离。如果能够在动态效果中再添加一些趣味性，那么就会让用户"爱不释手"。图4-7所示为某电商App中服装色彩选择的动效设计，非常具有个性和趣味性。

图4-7　某电商App中服装色彩选择的动效设计

4.1.4　功能型动效和展示型动效

可以将动效设计粗略地分为功能型动效和展示型动效两大类。

1. 功能型动效

功能型动效多用于产品设计，是UI交互设计中最常见的动效类型。用户与界面进行交互所产生的动效，都可以认为是功能型动效。

图4-8所示为某在线订票App的交互动效设计。

当用户在界面中点击自己需要订票的影片后，该App界面会通过动效的方式平滑过渡到影片场次选择界面；当用户选择需要预订的场次后，当前界面又会以动效的方式平滑过渡到座位选择界面。在该App中所加入的动效都是为App界面中的交互操作服务的，目的是使用户的操作更加顺畅，以及使反馈更加及时。

图4-8　某在线订票App的交互动效设计

2. 展示型动效

展示型动效主要是指一些用于展示酷炫的动画效果或者对产品功能进行演示的动效。这类动效相对来说比功能型动效复杂，但是在实际的界面交互设计中应用较少。图4-9所示为某金融类App中的数据演示动效。

该金融类App经常涉及数据的显示，传统的静态显示数据方式常常无法生动地表现出一段时间内数据的变化；而采用动态效果进行演示，则界面中数据的表现更加生动，也能够给用户带来直观的感受。

图4-9　某金融类App中的数据演示动效

4.2
使用动效表现UI交互

一个好的动效设计应该是自然、舒适的，绝对不是为了吸引眼球而生硬加入的。所以要把握好动效设计在交互过程中的轻与重，首先考虑用户使用的场景、频率，然后要确定动效的表现形式，最后要重视界面交互整体性的编排。

4.2.1　转场过渡

人的大脑会对动态事物（如对象的移动、变形、变色等）保持敏感。在界面中加入一些平滑、舒适的过渡转场效果，不仅能让界面显得更加生动，更能帮助用户理解界面前后变化的逻辑关系。图4-10所示为某App的界面转场过渡交互动效。

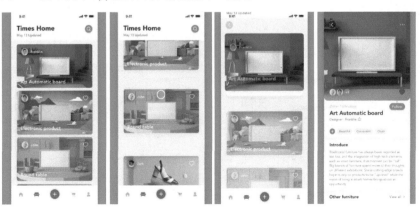

该App界面以图片列表的展示为主，用户可以在界面中上下滑动浏览更多的列表选项，而滑动过程会以交互动效的形式表现。当用户在界面中点击某个图片选项时，该图片选项会在当前位置放大并逐渐向上移动，其他选项则向下运动并逐渐淡出，从而过渡到该图片的详情界面中，界面的转场过渡动效表现自然、流畅。

图4-10　某App的界面转场过渡交互动效

◀ 4.2.2 层级展示

现实空间中，物体在视觉上存在近大远小的效果，在运动上则表现为近快远慢。当界面中的元素处于不同的层级时，恰当的动效可以帮助用户分清前后位置关系，还能体现出整个界面的空间感。图4-11所示为某App表现层级关系的交互动效。

该App界面中的许多内容都是使用选项卡的形式呈现的。当用户点击某个选项卡后，该选项卡会从当前位置逐渐放大，并过渡到相应的界面，相应界面中的内容会逐渐从不同的方向进入直至完全显示。当用户在当前界面中再次点击某个选项后，以同样的方式逐渐过渡到相应的界面，保持了界面转场方式的统一，同时也体现出界面之间清晰的层级关系。

图4-11　某App表现层级关系的交互动效

提 示

这种保持内容层级关系的动态缩放交互效果在iOS系统中的很多界面中都能见到，如主屏幕的文件夹、日历、相册和App切换界面等。

◀ 4.2.3 空间扩展

在移动UI设计中，有限的屏幕空间难以承载大量的信息内容，而通过添加动效的方式可以在界面中以折叠、翻转、缩放等形式扩展界面的空间，从而减轻用户的认知负担。图4-12所示为某App空间扩展动效的表现效果。

使用手指在该App界面中进行左右滑动操作，即可平滑切换内容，显示出更多的内容。用户点击界面底部的选项后，底部会以弹出菜单的形式显示与用户相关的功能操作选项，不需要时用户可以将相关选项隐藏。这样有效扩展了界面的空间。

图4-12　空间扩展动效的表现效果

 **4.2.4　关注聚焦**

关注聚焦是指界面通过元素的动作变化，提醒用户关注界面中特定的信息内容。这种提醒方式不仅可以降低视觉元素的干扰，使界面更加清爽简洁，还能够在用户使用过程中自然地吸引用户的注意力。图4-13所示为通过交互动效吸引用户注意力的App。

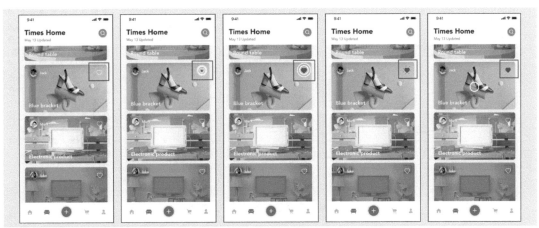

该界面中每个选项卡的右上角都有一个"收藏"图标，该图标默认显示为白色的空心心形。当用户点击"收藏"图标时，红色的实心心形图标会逐渐放大并替换默认状态下的白色空心心形图标，这样一个简单的交互操作动效能够有效吸引用户的注意力。

图4-13　通过交互动效吸引用户注意力的App

4.2.5　内容呈现

将界面中的内容元素按照一定的规律逐级呈现，能够引导用户视觉焦点的走向，帮助用户更好地感知界面布局、层级结构和重点内容，同时也能够让界面的操作更加流畅，为界面增添了活力。图4-14所示为通过交互动效呈现相应内容的App。

在该App中，不同内容以不同颜色的特殊形状选项卡叠加显示在界面的底部。当用户点击某个选项卡时，该选项卡会从界面底部向上展开，从而显示该选项卡中相应的内容。这样界面内容的呈现就会表现出很强的层次感，并且交互动效的加入使得界面表现更具活力。

图4-14　通过交互动效呈现相应内容的App

用户在界面中进行点击、长按、拖曳、滑动等交互操作时，都应得到系统的即时反馈。以视觉动效的方式呈现，可以帮助用户了解当前系统对交互操作过程的响应情况，从而为用户带来安全感。图4-15所示为通过交互动效给予用户反馈的App。

当用户完成界面中表单选项的设置并点击相应的按钮后，该按钮上会出现不断旋转的圆圈，以提示用户当前的表单状态。当表单数据提交成功后，按钮会从蓝色变为绿色，并且按钮上会显示一个钩。通过按钮不同状态的变化给予用户反馈，用户能够清晰地了解当前的状态。

图4-15　通过交互动效给予用户反馈的App

提示

过长的、冗余的动效会影响用户的操作，甚至还可能引起用户的负面情绪，所以恰到好处地掌握动效的时间长度也是好的动效设计师的必备技能之一。

4.3
开关按钮交互动效

开关按钮是App界面中常见的组件，可以控制App中某种功能的开启和关闭。当用户在界面中点击开关按钮时，App通常需要结合动效的表现形式为用户提供清晰的反馈。

4.3.1　开关按钮的功能与特点

在移动端操作系统中，开关按钮的应用非常常见。利用开关按钮来打开或关闭应用中的某种功能，比较符合人们现实生活中的习惯。

移动端界面中的开关按钮用于展示当前功能的激活状态，用户通过单击或滑动即可切换该选项或功能的状态。开关按钮的常见表现形式有矩形和圆形两种，如图4-16所示。

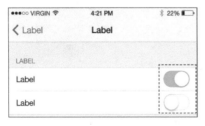 

App界面中开关元素的设计非常简约，通常使用基本图形配合不同的颜色来表现该功能的打开或关闭状态。

图4-16　界面中的开关按钮的表现形式

4.3.2　实战——制作开关按钮交互动效

开关按钮是移动端界面中重要的交互元素之一。开关按钮动效是移动端界面中常见的动效，可以向用户清晰地反馈操作结果。

*　动效分析

本实战的开关按钮动效是移动端界面中常规的按钮动效表现形式。圆形开关按钮的左右移动结合开关背景颜色和开关提示文字颜色的变化，能够清楚地表明开关按钮的状态，给用户一种动态、流畅的感觉。

*　设计步骤

> **实战**
>
> **制作开关按钮交互动效**
> 源文件：源文件\第4章\4-3-2.aep　　　　视频：视频\第4章\4-3-2.mp4

01．打开After Effects，新建一个空白项目，执行"合成>新建合成"命令，弹出"合成设置"对话框，对相关选项进行设置，如图4-17所示。执行"图层>新建>纯色"命令，弹出"纯色设置"对话框，对相关选项进行设置，如图4-18所示。

图4-17　"合成设置"对话框

图4-18　"纯色设置"对话框

02．单击"确定"按钮，创建纯色图层，将该图层锁定。选择"圆角矩形工具"，在工具栏中设置"填充"为#4CF5D、"描边"为无，在"合成"窗口中绘制圆角矩形，如图4-19所示。在"时间轴"面板中将该图层重命名为"开关背景"，展开该图层下方"矩形1"选项中的"矩形路径1"选项，设置"圆度"属性值为50，效果如图4-20所示。

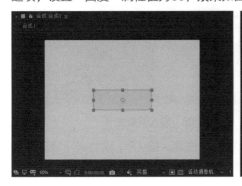

图4-19　绘制圆角矩形

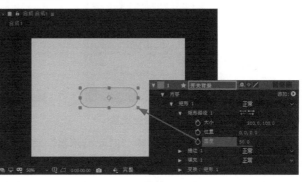

图4-20　设置"圆度"属性值

03．执行"图层>图层样式>投影"命令，为该图层添加"投影"图层样式，对相关选项进行设置，如图4-21所示。在"合成"窗口中可以看到为该圆角矩形添加"投影"图层样式后的效果，如图4-22所示。

图4-21　设置"投影"图层样式

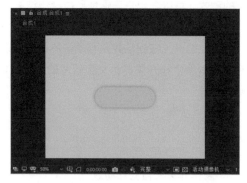

图4-22　添加"投影"图层样式的效果

04．将该图层锁定，选择"椭圆工具"，在工具栏中设置"填充"为白色、"描边"为无，在"合成"窗口中按住【Shift】键的同时拖曳鼠标指针绘制圆形，调整该圆形到合适的大小和位置，如图4-23所示。在"时间轴"面板中将该图层重命名为"圆"，展开该图层的"变换"选项，设置"不透明度"属性值为70%，效果如图4-24所示。

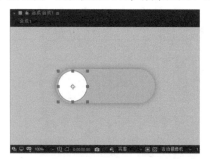

图4-23　绘制白色圆形并调整大小和位置

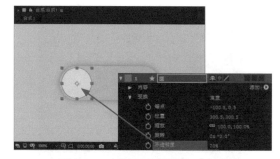

图4-24　设置"不透明度"属性值

05．选择"横排文字工具"，在"合成"窗口中单击并输入相应的文字，在"字符"面板中对文字的相关属性进行设置，如图4-25所示。使用相同的方法，在"合成"窗口中输入其他文字，如图4-26所示。

图4-25　输入文字并进行设置

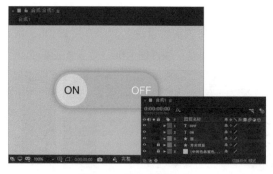

图4-26　输入其他文字

06．选择"圆"图层，将"时间指示器"移至0秒12帧的位置，按【P】键，显示该图层的"位置"属性，为该属性插入关键帧，如图4-27所示。将"时间指示器"移至1秒的位置，在"合成"窗口中将该圆形向右移至合适的位置，如图4-28所示。

图4-27　插入"位置"属性关键帧

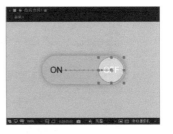

图4-28　移动图形位置

07．将"时间指示器"移至1秒12帧的位置，单击"圆"图层下方"位置"属性前的"添加或移除关键帧"按钮，添加该属性关键帧，如图4-29所示。将"时间指示器"移至2秒的位置，选择0秒12帧位置上的关键帧，按【Ctrl+C】组合键复制，再按【Ctrl+V】组合键将其粘贴到2秒的位置，如图4-30所示。

图4-29　添加属性关键帧

图4-30　移至2秒位置的效果

08．同时选中此处的4个关键帧，按【F9】键，为其应用"缓动"效果，如图4-31所示。单击"时间轴"面板上的"图表编辑器"按钮，进入图表编辑状态，如图4-32所示。

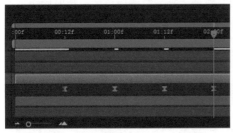

图4-31　为关键帧应用"缓动"效果

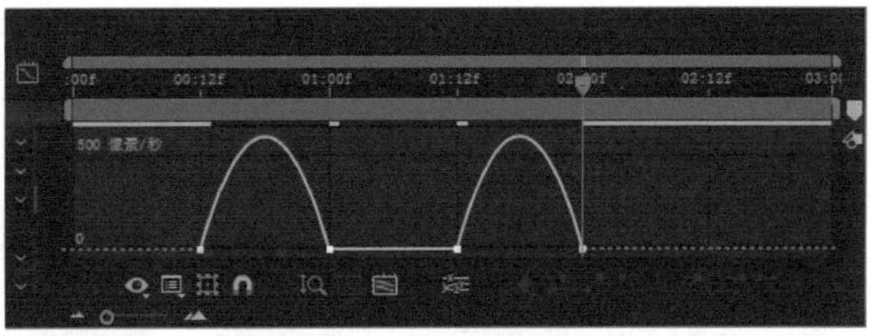

图4-32　进入图表编辑状态

09．单击"使所有图表适于查看"按钮，使该部分的图表充满整个面板，如图4-33所示。单击曲线锚点，拖曳方向线调整运动速度曲线，如图4-34所示。

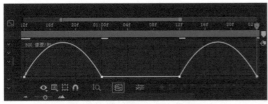

图4-33　使图表充满整个面板

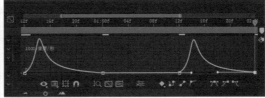

图4-34　调整运动速度曲线

10．单击"图表编辑器"按钮，返回默认状态。将"时间指示器"移至0秒12帧的位置，选择"开关背景"图层，将该图层解锁，展开该图层下方"内容"选项的"矩形1"选项中的"填充1"选项，为"颜色"属性插入关键帧，如图4-35所示。将"时间指示器"移至1秒的位置，修改"颜色"属性值为#F44336，效果如图4-36所示。

图4-35　插入"颜色"属性关键帧

图4-36　修改"颜色"属性值的效果（1）

11. 将"时间指示器"移至1秒12帧的位置，单击"开关背景"图层下方"颜色"属性前的"添加或移除关键帧"按钮，添加该属性关键帧，如图4-37所示。将"时间指示器"移至2秒的位置，修改"颜色"属性值为#04CF5D，效果如图4-38所示。

图4-37　添加"颜色"属性关键帧

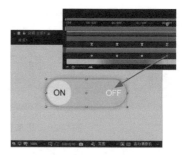
图4-38　修改"颜色"属性值的效果（2）

12. 选择"ON"文字图层，单击该图层下方"文本"选项"动画"选项后的三角形按钮，在弹出的菜单中执行"填充颜色>RGB"命令，为该文本图层添加"填充颜色"属性，如图4-39所示。将"时间指示器"移至0秒12帧的位置，为"填充颜色"属性插入关键帧，并设置"填充颜色"属性值为黑色，如图4-40所示。

图4-39　添加"填充颜色"属性

图4-40　为"填充颜色"属性插入关键帧并设置属性值

13. 将"时间指示器"移至1秒的位置，修改"填充颜色"属性值为白色，效果如图4-41所示。将"时间指示器"移至1秒12帧的位置，为该属性添加关键帧，将"时间指示器"移至2秒的位置，修改"填充颜色"属性值为黑色，如图4-42所示。

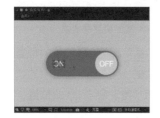
图4-41　修改"填充颜色"属性值的效果

图4-42　修改"填充颜色"属性值

14. 根据制作"ON"文字图层的方法，完成"OFF"文字图层中动画的制作，效果如图4-43所示，"时间轴"面板如图4-44所示。

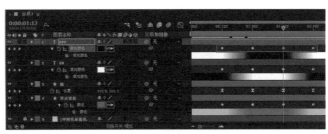

图4-43　"OFF"文字图层中动画的制作效果　　　　**图4-44　"时间轴"面板**

15. 将最下方的纯色图层解锁，选择该图层，执行"效果>颜色校正>曝光度"命令，为该图层应用"曝光度"效果，如图4-45所示。将"时间指示器"移至0秒12帧的位置，展开该图层下方"效果"选项的"曝光度"选项中的"主"选项，为"曝光度"属性插入关键帧，如图4-46所示。

图4-45　应用"曝光度"效果　　　　**图4-46　为"曝光度"属性插入关键帧**

16. 将"时间指示器"移至1秒的位置，修改"曝光度"属性值为-3，效果如图4-47所示。将"时间指示器"移至1秒12帧的位置，为该属性添加关键帧，将"时间指示器"移至2秒的位置，修改"曝光度"属性值为0，如图4-48所示。

图4-47　设置"曝光度"属性值的效果（1）　　　**图4-48　设置"曝光度"属性值的效果（2）**

17. 选择"圆"图层，开启该图层的"运动模糊"功能，如图4-49所示。完成开关按钮动效的制作，在"时间轴"面板中可以看到各图层的关键帧，如图4-50所示。

图4-49　开启"运动模糊"功能　　　　**图4-50　"时间轴"面板**

18. 单击"预览"面板上的"播放/停止"按钮▶，可以在"合成"窗口中预览效果，如图4-51所示。

图4-51　预览开关按钮动效

4.4 加载交互动效

在浏览App界面时，因为网络错误或网络信号差等问题，难免会遇上等待加载的情况，没有用户喜欢等待，耐心差的用户可能因为操作得不到及时反馈而直接选择放弃。所以在App中还有一种常见的交互动效——加载交互动效。加载交互动效可以使用户了解当前的操作进度，给用户心理暗示，使用户能够耐心等待，从而提升用户体验。

4.4.1　了解加载交互动效

根据一些抽样调查，浏览者认为打开速度较快的App质量更高、更可信、更有趣。相反，App的打开速度越慢，访问者的心理挫折感越强，越会对App的可信度和质量产生怀疑。在这种情况下，用户会觉得App的后台可能出现了错误，因为在很长一段时间内没有得到任何提示。而且，缓慢的打开速度会让用户忘记他下一步要做什么，从而不得不重新回忆，这会进一步恶化用户的使用体验。

> **提示**
>
> App的打开速度对于电子商务类App来说尤其重要，界面载入的速度越快，就越容易使访问者变成客户。

如果在等待加载期间能够向用户显示反馈信息，如一个加载进度动画，那么就会使用户愿意继续等待。图4-52所示为某App的加载交互动效。

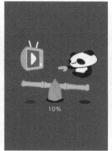

该加载交互动效通过卡通动画的表现形式来吸引用户的关注，给用户留下有趣、可爱的印象。动画下方的百分比数字明确地显示了当前的加载进度，给用户以清晰、明确的提示。

图4-52　某App的加载交互动效

虽然目前很多App将加载交互动效作为强化用户第一印象的组件，但是它的实际使用范畴远不止于此。在许多设计项目中，加载交互动效几乎无处不在。加载交互动效在切换界面的时候可以使用，在加载组件的时候可以使用，甚至在切换幻灯片的时候也可以使用。不仅如此，它还可以承载数据加载的过程、呈现状态改变的过程、填补崩溃或者出错的界面，从而将错误和等待转化为令用户愉悦的细节。

图4-53所示为简洁有趣的加载交互动效设计。

该加载交互动效通过海豚的形象进行表现：一只海豚进行圆周运动，其尾部跟随着众多的泡泡，表现效果非常有趣。

图4-53　简洁有趣的加载交互动效设计

4.4.2　加载交互动效的常见表现形式

动效设计是UI设计行业的一大趋势，加载交互动效是其中的重要组成部分。加载交互动效在用户体验设计中的作用非常重要，可以让等待变成愉悦的消遣。下面将向读者介绍App中常见加载交互动效的表现形式。

1. 进度条

在App的加载交互动效中，最常见的表现形式是加载进度条动效，包括基础的矩形进度条动效和圆形进度条动效。当使用基础的进度条来表现加载交互动效时，还可以搭配更加有趣的表现手法。

直线形式的加载进度条动效是App中最常见的表现形式。图4-54所示为基础的直线加载进度条动效。

基础的直线加载进度条动效是App中常见的加载交互动效，也是最直观的动效。基础的直线加载进度条动效能够给用户展示加载进度或预估剩余等待时间，以及等待的原因，从而给用户很好的提示。

图4-54　基础的直线加载进度条动效

2. 旋转

不停循环转动的动画能够有效吸引用户的注意力，给用户时间加速的错觉。图4-55所示为界面内容刷新加载交互动效。

该界面内容刷新加载交互动效将加载交互动效设计为一颗小行星围绕着地球进行顺时针旋转的动画效果，十分形象，待界面内容加载完成后，界面顶部会显示新的内容。

图4-55　界面内容刷新加载交互动效

3. 形象动画

如果在界面加载过程中设计一个形象的加载动画，将大大提高产品的亲和力和品牌的识别度。用户大多会接受并喜欢这样的形式，而一般品牌形象明确的产品也会这么做。Bilibili使用自身的小电视形象作为加载交互动效，如图4-56所示。抖音使用交替变换的两个为品牌色的小圆点作为加载交互动效，如图4-57所示。

图4-56　Bilibili的加载交互动效

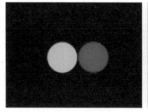 

图4-57　抖音的加载交互动效

4.4.3　实战——制作加载等待动效

加载等待动效是App中比较常见的动效形式，通常为展示型动效。其内容为表现当前的加载过程或加载进度，以缓解用户在等待界面内容载入过程中的焦虑心理。

*　动效分析

本实战所制作的加载等待动效以App的Logo作为主要表现对象，通过Logo图形对色块的遮罩，实现Logo图形色彩的逐渐变化。该动效的表现不仅能清楚表明当前的加载状态，同时也能使用户加深对该App的印象。

*　设计步骤

> **实战**
>
> **制作加载等待动效**
> 源文件：源文件\第4章\4-4-3.aep　　　视频：视频\第4章\4-4-3.mp4

01.　在Illustrator软件中绘制出Logo，并且进行分层处理，以便直接导入After Effects中制作动效，如图4-58所示。打开After Effects，执行"文件>导入>文件"命令，在弹出的"导入文件"对话框中选择需要导入的素材文件"源文件\第4章\素材\44301.ai"，如图4-59所示。

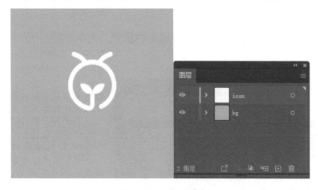

图4-58　分层素材

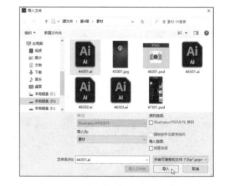

图4-59　选择需要导入的素材文件

02.　单击"导入"按钮，在弹出的对话框中对相关选项进行设置，如图4-60所示。单击"确定"按钮，导入素材文件并自动创建合成，如图4-61所示。

图4-60 设置导入选项　　　　**图4-61 导入素材文件并自动创建合成**

03. 在"项目"面板中的"44301"合成上单击鼠标右键，在弹出的菜单中执行"合成设置"命令，在弹出的"合成设置"对话框中对相关选项进行修改，如图4-62所示。然后单击"确定"按钮。双击打开"加载"合成，在"合成"窗口中可以看到该合成的效果，如图4-63所示。

图4-62 "合成设置"对话框　　　　　**图4-63 打开"加载"合成**

04. 在"时间轴"面板中同时选中所有图层，执行"图层>创建>从矢量图层创建形状"命令，基于所导入的矢量图层在After Effects中创建形状图层，如图4-64所示。将原先的AI素材图层删除，对各图层名称进行修改，如图4-65所示。

图4-64 从矢量图层创建形状　　　　**图4-65 删除重命名图层**

05. 选择"横排文字工具"，在"合成"窗口中单击并输入文字，在"字符"面板中对文字的相关属性进行设置，如图4-66所示。不选择任何对象，选择"矩形工具"，在工具栏中设置"填充"为#9EDBB9、"描边"为无，在"合成"窗口中绘制一个能够覆盖Logo的矩形，如图4-67所示。

06. 将该图层重命名为"遮罩矩形"，并将其移至"Logo"图层下方，如图4-68所示。将"时间指示器"移至起始位置，在"合成"窗口中将矩形向下移至合适的位置，如图4-69所示。

07. 选择"遮罩矩形"图层，按【P】键，显示该图层的"位置"属性，为该属性插入关键帧，如图4-70所示。将"时间指示器"移至2秒12帧的位置，在"合成"窗口中将矩形向上移至合适的位置，如图4-71所示。

图4-66 输入文字并设置文字属性

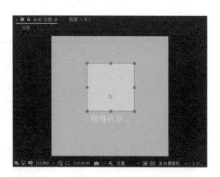

图4-67 绘制矩形

图4-68 修改图层名称并调整位置

图4-69 向下移动矩形（1）

图4-70 为"位置"属性插入关键帧

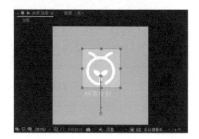

图4-71 向上移动矩形

08. 将"时间指示器"移至4秒24帧的位置，在"合成"窗口中将矩形向下移至合适的位置，如图4-72所示。单击"时间轴"面板左下角的"展开或折叠'转换控制'窗格"图标 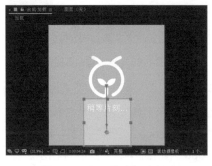，"时间轴"面板中将显示"转换控制"相关选项，设置"遮罩矩形"图层的"TrkMat（轨道遮罩）"选项为"Alpha遮罩'Logo'"，如图4-73所示。

图4-72 向下移动矩形（2）

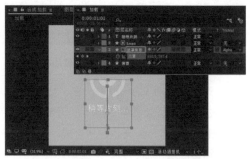

图4-73 设置"TrkMat（轨道遮罩）"选项

09. 选择"Logo"图层，按【Ctrl+D】组合键，复制该图层，将复制得到的"Logo2"图层显示，并将其移至"遮罩矩形"图层的下方，如图4-74所示。在"合成"窗口中可以看到相应的效果，如图4-75所示。

图4-74 复制并调整图层顺序	图4-75 "合成"窗口中的效果

10. 选择"遮罩图层"图层，同时选中该图层中的3个属性关键帧，按【F9】键，为其应用"缓动"效果，如图4-76所示。保持关键帧的选中状态，单击"时间轴"面板上的"图表编辑器"按钮▧，进入图表编辑状态，如图4-77所示。

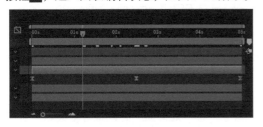
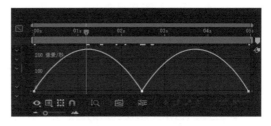

图4-76 为关键帧应用"缓动"效果	图4-77 进入图表编辑状态

11. 拖曳方向线，分别调整两段运动速度曲线，如图4-78所示。再次单击"图表编辑器"按钮▧，返回默认状态。

图4-78 调整运动速度曲线

> **提示**
>
> 在现实生活中，很多对象的运动过程并不是匀速的，而是由快到慢或者由慢到快这样变化的。制作对象位置移动的动效时，为了使动效看起来更加真实，通常需要为动效的关键帧应用"缓动"效果。同时，还可以进入图表编辑状态，编辑运动速度曲线，从而产生由快到慢或者由慢到快的运动效果，使得位移移动画效果的表现更佳。

12. 完成该加载等待动效的制作，单击"预览"面板上的"播放/停止"按钮▶，可以在"合成"窗口中预览动画效果，如图4-79所示。

图4-79 预览加载等待动效

4.5
文字交互动效

文字是移动UI设计中重要的元素之一，随着如今设计的不断融合，设计的边界也越来越模糊。遇上时尚交互设计，原本"安静"的文字也"动"了起来。

4.5.1 文字交互动效的表现优势

文字设计在以往的UI设计中经常强调的是字体规范。文字交互动效很少被人提及，一来是因为技术限制，二来因为是设计理念的差异。不过随着简约设计的流行，如果能让文字在界面中"动"起来，即使是简单的图文界面也会立即"活"起来，带给用户不同的视觉体验。图4-80所示为一个出色的文字交互动效。

文字交互动效在移动UI交互设计中的优点主要表现在以下几个方面。

① 采用动画效果的文字除了看起来漂亮以外，也解决了很多实际问题。动效发挥着"传播者"的作用。比起静态的文字描述，文字交互动效能使内容表达得更彻底且更具视觉冲击力。

② 运动的物体更能吸引人的注意力。让界面中的文字"动"起来是一种能很好地突出内容的方式，并且不会让用户感觉突兀。

③ 文字交互动效能够在一定程度上丰富界面的表现力，提升界面的设计感，使界面充满活力。

图4-81所示为一个以文字表现为主的Logo动效。

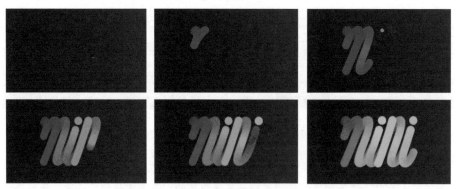

手写文字是一种常见的文字交互动效表现形式，其主要是通过遮罩的方式来实现的。通过对文字笔画的遮罩处理，文字内容沿文字的正确书写笔画逐渐显示出来，从而形成手写文字的效果，具有很强的视觉表现效果。

图4-80 出色的文字交互动效

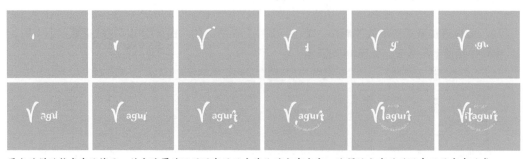

墨点的弹跳构成字母笔画，结合遮罩的运用逐渐显示出其他的文字内容，使得该文字的动效表现更富有动感。

图4-81 以文字表现为主的Logo动效

4.5.2 文字交互动效的常见表现形式

文字交互动效的制作和表现方法与其他元素交互动效类似，大多数都是通过改变文字的基础属性来实现的，还有通过为文字添加蒙版或添加效果来实现的。下面向读者介绍几种常见的文字动效表现形式。

1. 基础文字交互动效

基础文字交互动效是最简单的表现形式，其基于文字的位置、旋转、缩放、透明度、填充和描边等基础属性来制作关键帧动画，可以逐字逐词制作动画，也可以对完整的一句文本内容制作动画，灵活运用文字的基础属性也可以表现出丰富的动画效果。图4-82所示为基础文字交互动效的表现效果。

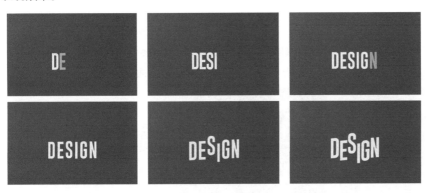

这是一个基础的文字交互动效，每个字母通过不透明度的变化逐个显示出来，接着字母之间的距离慢慢变大，最后部分字母的位置发生变化，从而形成具有艺术感的文字效果。

图4-82 基础文字交互动效的表现效果

2. 文字遮罩动效

遮罩是动效中非常常见的一种表现形式，在文字交互动效中也不例外。从视觉感官上来说，简单的元素、丰富得体的运动设计所营造的视觉感受清新而美好。文字遮罩动画的表现形式也非常多，但需要注意的是，在设计文字动画时形式勿大于内容。图4-83所示为文字遮罩动效的表现效果。

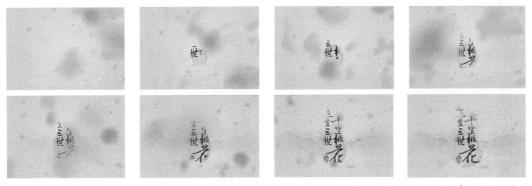

该文字遮罩动效以模糊处理的花瓣作为背景，并且在背景中制作了模糊的花瓣飘落的动画效果，中间的主题文字则采用遮罩的形式进行表现。随着水墨的逐渐扩大散开，主题文字逐渐显现出来，再结合背景动画，很好地表现了文字的意境。

图4-83 文字遮罩动效的表现效果

3. 与手势结合的文字交互动效

随着智能设备的兴起，"手势动画"大热。与手势相结合的文字交互动效中的手势指的是真正的手势，即让手势参与到文字交互动效的表现中。简单地说，就是在文字交互动效的基础上加上"手"这个元素。图4-84所示为与手势结合的文字交互动效表现效果。

通过人物的手势将主题文字放置在场景中，并且通过手指的滑动显示出相应的文字内容，最后通过人物的抓取手势，制作出主题文字整体消失的效果。文字与人物手势的结合会产生一种非常新奇的表现效果。

图4-84　与手势结合的文字交互动效表现效果

4. 粒子消散动效

将文字内容与粒子动效相结合可以制作出文字的粒子消散动效，该效果能给人很强的视觉冲击力。尤其是在After Effects中，利用各种粒子插件，如Trapcode Particular 、Trapcode Form等，可以表现出多种炫酷的粒子动画效果。图4-85所示为文字粒子消散动效的表现效果。

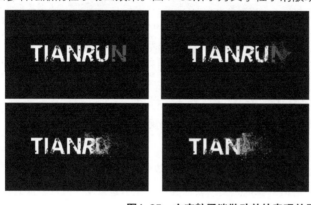

该文字粒子消散动效主要通过将文字的遮罩与粒子消散动画效果相结合，从而实现文字逐个转变为细小的粒子，最终消失的效果。这种粒子消散动效在影视后期制作中很常见，具有很强的视觉表现效果。

图4-85　文字粒子消散动效的表现效果

5. 光效文字交互动效

在文字交互动效的表现过程中加入光晕或光线的效果，通过光晕或光线的变换表现主题文字，使得文字效果的表现更具视觉冲击力。图4-86所示为光效文字交互动效的表现效果。

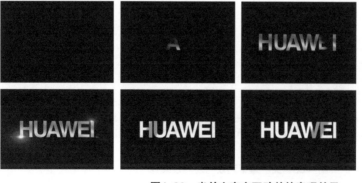

在该品牌文字的展示动效中，每个字以遮罩的形式不规则地逐个显示，接着文字的光晕效果从透明到逐渐显示再到逐渐消失，视觉表现效果强烈，最后是文字的过光动画效果，整体视觉表现效果自然、流畅，能够给人带来较强的视觉冲击力。

图4-86　光效文字交互动效的表现效果

6. 动态文字云

在文字排版中，"文字云"的形式越来越受到大家的喜欢。使用文字云的形式来表现文字云的动效，既能表现文字内容，也能通过文字所组合而成的形状表现主题。图4-87所示为文字云动效的表现效果。

主题文字与其相关的各种关键词内容从各个方向"飞入"而组成汽车形状，非常生动且富有个性。

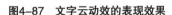

图4-87　文字云动效的表现效果

4.5.3　实战——制作动感遮罩文字交互动效

文字交互动效在界面中通常作为展示型动效，以突出界面的视觉表现效果，同时也使得主题文字的视觉表现效果更加突出。

＊　动效分析

本实战制作的是App启动界面中标题文字的表现动效，使用遮罩的方式使标题文字分别从左侧和右侧逐渐显示，并为文字添加动感的路径边框动画效果，使得文字交互动效的视觉表现效果更加丰富。

＊　设计步骤

实 战

制作动感遮罩文字交互动效
源文件：源文件\第4章\4-5-3.aep　　　　　视频：视频\第4章\4-5-3.mp4

01．打开After Effects，新建一个空白项目，执行"合成>新建合成"命令，弹出"合成设置"对话框，对相关选项进行设置，如图4-88所示。在"项目"面板的空白位置双击，导入素材图片"源文件\第4章\素材\45301.jpg"，如图4-89所示。

02．将导入的素材图片从"项目"面板拖入"时间轴"面板中，并将该图层锁定，如图4-90所示。选择"横排文字工具"，在"合成"窗口中单击并输入文字，如图4-91所示。

03．选择"向后平移（锚点）工具"，将该文字图层的锚点移至文字的中心位置，如图4-92所示。执行"效果>生成>梯度渐变"命令，为文字图层应用"梯度渐变"效果，在"效果控件"面板中对相关选项进行设置，在"合成"窗口中调整渐变填充效果，如图4-93所示。

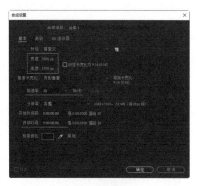

图4-88 "合成设置"对话框

图4-89 导入素材图片

图4-90 拖入素材图片并锁定图层

图4-91 输入文字

图4-92 调整文字图层锚点的位置

图4-93 应用并设置"梯度渐变"效果

04. 选择"聚力"文字图层,按【Ctrl+D】组合键,在原位复制该文字图层,将复制得到的文字水平向右移动,并修改文字内容,删除该图层的"梯度渐变"效果,如图4-94所示。不选择任何对象,选择"矩形工具",在工具栏中设置"填充"为黑色、"描边"为无,在"合成"窗口中拖曳鼠标指针绘制一个矩形,如图4-95所示。

图4-94 复制文字图层并修改文字内容

图4-95 绘制矩形

05.展开"形状图层1"下方"矩形1"选项中的"变换：矩形1"选项，设置"倾斜"属性值为10，在"合成"窗口中将矩形调整至合适的位置，效果如图4-96所示。选择"健身"图层，设置该图层的"TrkMat（轨道遮罩）"属性为"Alpha遮罩'形状图层1'"，如图4-97所示。

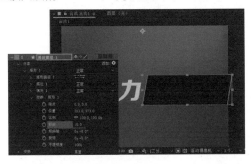

图4-96　设置"倾斜"属性值并调整矩形位置

图4-97　设置"TrkMat（轨道遮罩）"属性（1）

06.将"时间指示器"移至1秒15帧的位置，按【P】键，显示该图层的"位置"属性，为该属性插入关键帧，如图4-98所示。将"时间指示器"移至起始位置，在"合成"窗口中按住【Shift】键并向左拖曳"健身"文字，将其完全隐藏，如图4-99所示。

图4-98　为"位置"属性插入关键帧（1）

图4-99　向左水平拖曳文字

07.选择"形状图层1"，按【Ctrl+D】组合键，复制该图层，显示复制得到的图层，并将其向左移至合适的位置，如图4-100所示。将该图层移至"聚力"图层上方，选择"聚力"图层，设置该图层的"TrkMat（轨道遮罩）"属性为"Alpha遮罩'形状图层2'"，如图4-101所示。

图4-100　复制并移动图形

图4-101　设置"TrkMat（轨道遮罩）"属性（2）

08.将"时间指示器"移至1秒15帧的位置，按【P】键，显示该图层的"位置"属性，为该属性插入关键帧，如图4-102所示。将"时间指示器"移至起始位置，在"合成"窗口中按住【Shift】键并向右拖曳"聚力"文字，将其完全隐藏，如图4-103所示。

09.拖曳鼠标指针的同时选中"聚力"和"健身"这两个文字图层的所有关键帧，按【F9】键，为其应用"缓动"效果，如图4-104所示。保持关键帧的选中状态，单击"时间轴"面板上的"图表编辑器"图标，进入图表编辑状态，对文字的运动速度曲线进行调整，如图4-105所示。

图4-102 为"位置"属性插入关键帧（2）

图4-103 向右水平拖曳文字

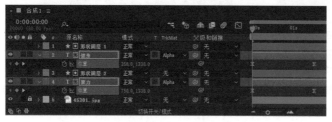

图4-104 为关键帧应用"缓动"效果（1）

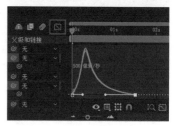

图4-105 调整运动速度曲线（1）

10. 返回正常编辑状态，选择"聚力"图层，展开该图层下方的选项，单击"动画"选项右侧的箭头图标，选择"不透明度"选项，为该图层添加"不透明度"属性，如图4-106所示。将"时间指示器"移至1秒15帧的位置，设置"不透明度"属性值为0%，展开"范围选择器1"选项中的"高级"选项，设置"形状"选项为"下斜坡"，如图4-107所示。

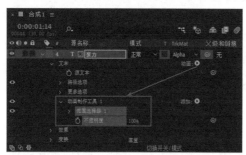

图4-106 添加"不透明度"属性

图4-107 设置"不透明度"属性值和"形状"选项

11. 设置"偏移"属性值为-100%，并插入关键帧，如图4-108所示。将"时间指示器"移至起始位置，设置"偏移"属性值为100%，如图4-109所示。

图4-108 设置"偏移"属性值并插入关键帧

图4-109 设置"偏移"属性值

提示

此处通过为文字图层添加"不透明度"属性，并且为"不透明度"属性制作关键帧动画，实现文字在遮罩显示的过程中同时具有文字不透明度梯度变化的效果。

12. 使用相同的方法，为"健身"文字图层制作相同的不透明度变化动画，如图4-110所示。不选择任何对象，选择"矩形工具"，设置"填充"为无、"描边"为白色、"描边宽度"为8像素，在"合成"窗口中按住【Shift】键，拖曳鼠标指针绘制一个正方形边框，如图4-111所示。

图4-110　为"健身"图层制作不透明度变化动画　　　**图4-111　绘制正方形边框**

> **提示**
>
> 　　"健身"文字图层中的不透明度变化可以采用复制粘贴的方法进行制作。选择"聚力"图层下方的"动画制作工具1"选项，按【Ctrl+C】组合键，选择"健身"图层，按【Ctrl+V】组合键，并修改"形状"属性为"上斜坡"，起始位置的"偏移"属性值为-100%，1分15秒位置的"偏移"属性值为100%。

13. 将所绘制的正方形边框调整到合适的大小和位置，选择"向后平移（锚点）工具"，将该图层的锚点移至正方形边框的中心，如图4-112所示。将"形状图层3"重命名为"边框1"，按【R】键，显示该图层的"旋转"属性，设置该属性值为0x+10.0°，效果如图4-113所示。

图4-112　调整大小和锚点位置　　　**图4-113　旋转正方形边框**

14. 选择"聚力"图层下方的"梯度渐变"效果，按【Ctrl+C】组合键，选择"边框1"图层，按【Ctrl+V】组合键，并对"梯度渐变"的填充效果进行调整，效果如图4-114所示。展开"边框1"图层下方选项，单击"添加"选项右侧的箭头图标，选择"修剪路径"选项，设置"修剪路径"的相关选项，如图4-115所示。

图4-114　调整"梯度渐变"的填充效果　　　**图4-115　设置"修剪路径"的相关选项**

15. 将"时间指示器"移至1秒10帧的位置，设置"偏移"属性值为0x+180°，为"结束"属性插入关键帧，如图4-116所示。将"时间指示器"移至起始位置，设置"结束"属性值为0%，效果如图4-117所示。

 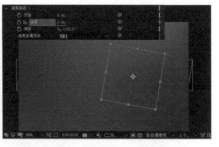

图4-116 为"结束"属性插入关键帧   **图4-117 设置"结束"属性值**

16. 将"时间指示器"移至0秒10帧的位置，为"开始"属性插入关键帧，如图4-118所示。将"时间指示器"移至1秒20帧的位置，设置"开始"属性值为100%，如图4-119所示。

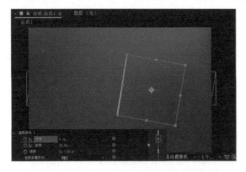 

图4-118 为"开始"属性插入关键帧   **图4-119 设置"开始"属性值**

17. 同时选中该图层中的所有属性关键帧，按【F9】键，为其应用"缓动"效果，如图4-120所示。保持关键帧的选中状态，单击"时间轴"面板上的"图表编辑器"图标，进入图表编辑状态，对运动速度曲线进行调整，如图4-121所示。

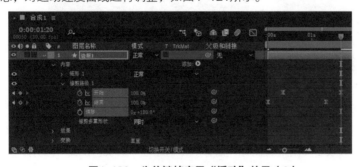 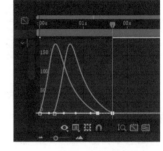

图4-120 为关键帧应用"缓动"效果（2）   **图4-121 调整运动速度曲线（2）**

18. 返回正常编辑状态，开启"边框1"图层的"运动模糊"功能，如图4-122所示。选择"边框1"图层，按【Ctrl+D】组合键，复制该图层，得到"边框2"图层，按【R】键，显示该图层的"旋转"属性，设置该属性值为0x+190°，在"合成"窗口中将其水平向左移至合适的位置，如图4-123所示。

19. 选择"边框2"图层，执行"效果>风格化>发光"命令，添加"发光"效果，对"发光"效果的相关选项进行设置，效果如图4-124所示。选择"发光"效果，按【Ctrl+C】组合键，选择"边框1"图层，按【Ctrl+V】组合键，粘贴"发光"效果，如图4-125所示。

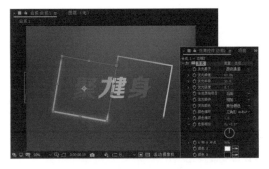

图4-122　开启"运动模糊"功能

图4-123　设置"旋转"属性值并调整边框位置

图4-124　设置"发光"效果

图4-125　复制并粘贴"发光"效果

20.　选择除"背景"图层外的所有图层，执行"图层>预合成"命令，弹出"预合成"对话框，设置如图4-126所示。单击"确定"按钮，将选中的图层创建为预合成。将"时间指示器"移至3秒的位置，按【Alt+】组合键，将该图层的出点调整为当前位置，如图4-127所示。

图4-126　"预合成"对话框

图4-127　调整图层的出点位置

21.　按【Ctrl+D】组合键，复制该图层，执行"图层>时间>时间反向图层"命令，将复制得到的图层进行时间反向。在"时间轴"面板中将该图层内容向右移至3秒的位置，完成反向动画的制作，"时间轴"面板如图4-128所示。

图4-128　"时间轴"面板

22.　完成该动感遮罩文字交互动效的制作，单击"预览"面板上的"播放/停止"按钮▶，可以在"合成"窗口中预览动画效果，如图4-129所示。

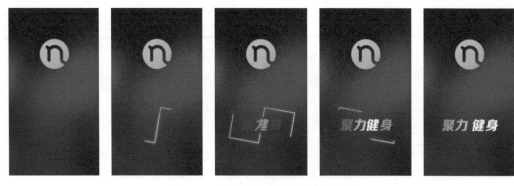

图4-129　预览动感遮罩文字交互动效

4.6 图标交互动效

图标设计反映了人们对事物的普遍理解，同时也展示了社会、人文等方面的内容。精美的图标是良好界面设计的基础。无论何时，用户总会喜欢美观的产品，美观的产品总能给用户留下良好的第一印象。而出色的动态图标设计能更加出色地诠释该图标的功能。

4.6.1 图标交互动效的常见表现方法

现在越来越多的App开始注重图标的动态交互效果，如手机在充电过程中电池图标的动效，如图4-130所示，以及音乐播放软件中播放模式图标的动效等，如图4-131所示。恰到好处的图标交互动效可以给用户带来愉悦的交互体验。

过去图标的转换十分死板，而近年来开始流行在切换图标时加入过渡动效。这种交互动效能够有效提升产品的用户体验，给App界面增色不少。下面介绍图标交互动效的常见表现方法。

1. 属性转换法

绝大多数的图标交互动效都离不开属性的变化，属性转换法是应用最普遍、最简单的一种图标交互动效表现方法。属性包含位置、大小、旋转、透明度、颜色等，在制作图标的动效时，这些属性如果能够被恰当应用，可以制作出令人眼前一亮的图标交互动效。图4-132所示为使用属性转换法制作的下载图标动效。

图4-130　电池图标的动效

图4-131　播放模式图标的动效

该下载图标动效通过图形的位置和颜色属性的变化表现出简单的动画效果，同时在动效中加入缓动效果，使动效的表现更加真实。

图4-132　使用属性转换法制作的下载图标动效

2. 路径重组法

路径重组法是指将组成图标的笔画路径在动效过程中进行重组，从而构成一个新的图标。如果采用路径重组法制作图标交互动效，则需要设计师仔细观察两个图标之间笔画的关系，这种图标交互动效的表现方法也是目前比较流行的。图4-133所示为使用路径重组法制作的菜单图标切换动效。

组成"菜单"图标的3条路径经过旋转、缩放的变化组成箭头形状的"返回"图标。

图4-133　使用路径重组法制作的菜单图标切换动效

图4-134所示为使用路径重组法制作的音量图标切换动效。

对正常状态下的两条路径进行变形处理，将这两条路径变形为交叉的两条直线段并放置在图标的右上角，从而切换到静音状态。

图4-134　使用路径重组法制作的音量图标切换动效

3. 点线面降级法

点线面降级法是指应用设计理念中点、线、面的理论，在动效表现过程中将面降级为线、将线降级为点来表现图标的切换过渡动效。

面与面进行转换的时候，可以使用线作为介质，将一个面先转换为一根线，再将这根线转换成另一个面。同样的道理，线和线转换时，可以使用点作为介质，先将一根线转换成一个点，再将这个点转换成另外一根线。图4-135所示为使用点线面降级法制作的图标切换动效。

"记事本"图标的路径由线收缩为点，然后由点再延伸为线，直到变成圆环，最后对圆环进行旋转，从而实现从圆角矩形到圆形的切换。

图4-135　使用点线面降级法制作的图标切换动效

4. 遮罩法

遮罩法也是制作图标交互动效时常用的一种表现方法。两个图形相互转换时，其中一个图形可以使用另一个图形作为遮罩，也就是边界；当这个图形放大的时候，因为另一个图形为边界，该图形会转换成另一个图形的形状。图4-136所示为使用遮罩法制作的图标切换动效。

"时间"图标中指针图形越转越快，同时圆形背景也逐渐放大，圆形放大到一定程度时被圆角矩形遮罩从而切换为圆角矩形背景，而时间指针图形也通过位置和旋转属性的变化构成新的图形。

图4-136　使用遮罩法制作的图标切换动效

5. 分裂融合法

分裂融合法是指构成图标的图形、笔画相互融合变形，从而切换为另外一个图标。分裂融合法特别适用于其中一个图标是一个整体，另一个图标由多个分离的部分组成的情况。图4-137所示为使用分裂融合法制作的图标切换动效。

圆形缩小并逐渐按顺序分裂出 4 个圆角矩形，分裂完成后图标从圆形过渡到由 4 个圆角矩形构成的"网格"。

图4-137　使用分裂融合法制作的图标切换动效

6. 图标特性法

图标特性法是指根据所设计的图标在日常生活中的特征或者根据图标需要表达的实际意义来设计图标交互动效，这就要求设计师具有较强的观察能力和思维发散能力。图4-138所示为使用图标特性法制作的删除图标的动效。

该删除图标通过垃圾桶图形来表现。在图标交互动效的设计中，垃圾桶的压缩与反弹以及盖子的反弹，使得该删除图标的表现非常生动。

图4-138　使用图标特性法制作的删除图标的动效

4.6.2　实战——设计相机App启动图标的动效

本小节将带领读者完成一个相机App启动图标的动效设计。该图标的动效属于展示型动效，主要通过动态的表现效果吸引用户的关注。

＊　动效分析

该动效设计，主要对组成相机图标的各基本图形进行缩放、旋转、不透明度变化，依次表现出相机图标各部分元素的动态效果，重点在于各部分动效的合理衔接和细节处理，从而使该图标的动效表现更加流畅、自然。

＊　设计步骤

> **实　战**
>
> **设计相机App启动图标的动效**
> 源文件：源文件\第4章\4-6-2.aep　　　视频：视频\第4章\4-6-2.mp4

01. 前面已经在Photoshop中设计出该图标，这里可以对该图标的图层进行整理，以便在After Effects中制作每一层的动效，如图4-139所示。打开After Effects，执行"文件>导入>文件"命令，在弹出的"导入文件"对话框中选择需要导入的素材文件"源文件\第4章\素材\46201.psd"，如图4-140所示。

图4-139　图标的图层

图4-140　选择需要导入的素材文件

02．单击"导入"按钮，在弹出的对话框中对相关选项进行设置，如图4-141所示。单击"确定"按钮，导入素材文件并自动创建合成，如图4-142所示。

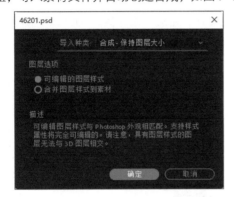

图4-141　设置导入选项

图4-142　导入素材文件并自动创建合成

03．在"项目"面板中双击"46201"合成，在"合成"窗口中可以看到该合成的效果，如图4-143所示。在"时间轴"面板中可以看到该合成中的图层，将"背景"图层锁定，如图4-144所示。

图4-143　"合成"窗口

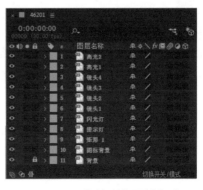

图4-144　"时间轴"面板（1）

04. 选择"图标背景"图层，将其他图层暂时隐藏，将"时间指示器"移至0秒10帧的位置，显示出该图层的"缩放"和"旋转"属性，并为这两个属性分别插入关键帧，如图4-145所示。设置"缩放"属性值为0%，效果如图4-146所示。

图4-145　为"缩放"和"旋转"属性插入关键帧　　　图4-146　设置"缩放"属性值的效果（1）

05. 将"时间指示器"移至1秒的位置，设置其"缩放"属性值为100%、"旋转"属性值为-2x+0.0°，如图4-147所示。将"时间指示器"移至1秒03帧的位置，在"合成"窗口中对图形进行适当的旋转，如图4-148所示。

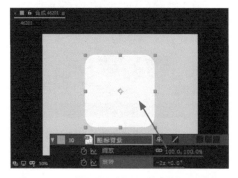

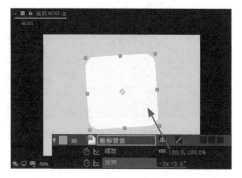

图4-147　设置"缩放"和"旋转"属性值　　　图4-148　对图形进行适当的旋转（1）

06. 将"时间指示器"移至1秒08帧的位置，在"合成"窗口中对图形进行适当的旋转，如图4-149所示。将"时间指示器"移至1秒10帧的位置，设置其"旋转"属性值为-2x+0.0°，如图4-150所示。

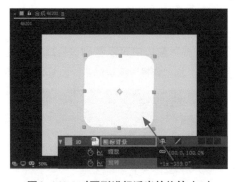

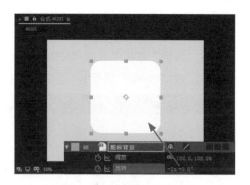

图4-149　对图形进行适当的旋转（2）　　　图4-150　设置"旋转"属性值

07. 同时选中该图层中的所有属性关键帧，按【F9】键，为选中的关键帧应用"缓动"效果，如图4-151所示。将"时间指示器"移至1秒08帧的位置，选择"矩形"图层，显示该图层，按【S】键，显示该图层的"缩放"属性，为该属性插入关键帧，并设置水平缩放为0%，效果如图4-152所示。

图4-151　为关键帧应用"缓动"效果（1）

图4-152　设置水平缩放的效果（1）

08．将"时间指示器"移至1秒18帧的位置，设置该图层的水平缩放为100％，效果如图4-153所示。同时选中该图层中的两个属性关键帧，按【F9】键，为选中的关键帧应用"缓动"效果，如图4-154所示。

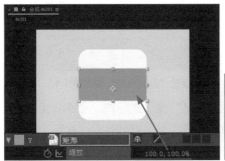

图4-153　设置水平缩放的效果（2）

图4-154　为关键帧应用"缓动"效果（2）

09．将"时间指示器"移至1秒20帧的位置，选择"摄像头"图层，显示该图层，按【S】键，显示该图层的"缩放"属性，为该属性插入关键帧，并设置其属性值为0％，效果如图4-155所示。将"时间指示器"移至2秒的位置，设置"缩放"属性值为100％，效果如图4-156所示。

图4-155　设置"缩放"属性值的效果（2）

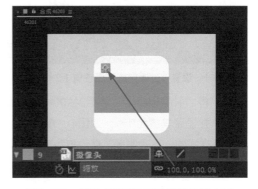

图4-156　设置"缩放"属性值的效果（3）

10．同时选中该图层中的两个属性关键帧，按【F9】键，为选中的关键帧应用"缓动"效果，如图4-157所示。使用相同的方法，完成"闪光灯"图层中动画效果的制作，如图4-158所示。

11．选择"镜头1"图层，显示该图层，执行"效果>过渡>径向擦除"命令，为该图层应用"径向擦除"效果，如图4-159所示。将"时间指示器"移至1秒22帧的位置，为"径向擦除"效果中的"过渡完成"属性插入关键帧，设置其属性值为100％，效果如图4-160所示。

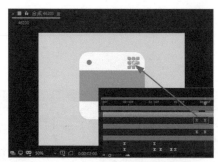

图4-157　为关键帧应用"缓动"效果（3）　　　　图4-158　完成"闪光灯"图层中动画效果的制作

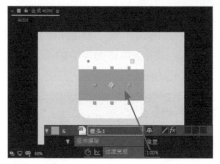

图4-159　应用"径向擦除"效果（1）　　　　　图4-160　设置"过渡完成"属性值（1）

　　12. 将"时间指示器"移至2秒18帧的位置，设置"过渡完成"属性值为0%，效果如图4-161所示。执行"图层>图层样式>投影"命令，为该图层应用"投影"图层样式，对"投影"图层样式的相关选项进行设置，效果如图4-162所示。

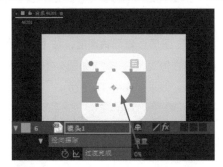
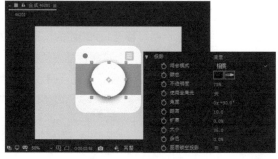

图4-161　设置"过渡完成"属性值（2）　　　　图4-162　设置"投影"图层样式

　　13. 将"时间指示器"移至2秒08帧的位置，为"投影"图层样式中的"不透明度"属性插入关键帧，并设置其值为0%，如图4-163所示。将"时间指示器"移至2秒18帧的位置，设置"投影"图层样式的"不透明度"属性值为20%，效果如图4-164所示。

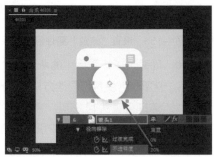

图4-163　插入属性关键帧并设置属性值（1）　　　图4-164　设置"不透明度"属性值

14. 同时选中该图层中的4个属性关键帧，按【F9】键，为选中的关键帧应用"缓动"效果，如图4-165所示。选择"镜头2"图层，显示该图层，执行"效果>过渡>径向擦除"命令，为该图层应用"径向擦除"效果，如图4-166所示。

15. 将"时间指示器"移至2秒04帧的位置，为"径向擦除"效果中的"过渡完成"属性插入关键帧，设置其属性值为100%，效果如图4-167所示。将"时间指示器"移至3秒的位置，设置"过渡完成"属性值为0%，效果如图4-168所示。

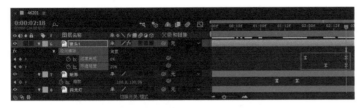

图4-165 为关键帧应用"缓动"效果（4）　　　图4-166 应用"径向擦除"效果（2）

图4-167 插入属性关键帧并设置属性值（2）　　图4-168 设置"过渡完成"属性值（3）

16. 同时选中该图层中的两个属性关键帧，按【F9】键，为选中的关键帧应用"缓动"效果。使用相同的方法，完成"镜头3"和"镜头4"图层中动画的制作，效果如图4-169所示，"时间轴"面板如图4-170所示。

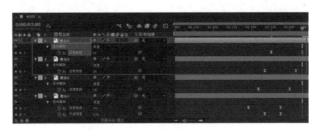

图4-169 完成相应图层中动画的制作　　　　图4-170 "时间轴"面板（2）

17. 选择"反光1"图层，显示该图层，将"时间指示器"移至3秒10帧的位置，按【S】键，显示该图层的"缩放"属性，为该属性插入关键帧，并设置其值为0%，效果如图4-171所示。将"时间指示器"移至3秒15帧的位置，设置"缩放"属性值为100%，效果如图4-172所示。

18. 同时选中该图层中的两个属性关键帧，按【F9】键，为选中的关键帧应用"缓动"效果。同时选中该图层中的两个属性关键帧，按【Ctrl+C】组合键，复制关键帧，选择"反光2"图层，显示该图层，将"时间指示器"移至3秒10帧的位置，按【Ctrl+V】组合键，粘贴关键帧，效果如图4-173所示，"时间轴"面板如图4-174所示。

图4-171 插入属性关键帧并设置属性值（3）

图4-172 设置"缩放"属性值的效果（4）

图4-173 添加关键帧的效果

图4-174 "时间轴"面板（3）

19. 选择"图标背景"图层，单击"运动模糊"按钮，为该图层开启"运动模糊"功能，如图4-175所示。完成该相机App启动图标的动效制作，"时间轴"面板如图4-176所示。

图4-175 开启图层的"运动模糊"功能

图4-176 "时间轴"面板（4）

20. 单击"预览"面板上的"播放/停止"按钮▶，可以在"合成"窗口中预览动画效果，如图4-177所示。

图4-177 预览相机App启动图标的动效

4.6.3　实战——制作线框图标的动效

在App界面中，设计师经常使用非常简约的线框图标，并且会为线框图标添加交互动效，使图标以动效的方式为用户提供操作反馈。

*　动效分析

本实战制作的线框图标的动效主要可以分为两部分：第一部分是线框图标的路径生成动画，默认的深灰色图标通过多种颜色路径生长变化为橙色的线框图标；第二部分是色块的缩放动画，当线框的路径生长动画结束之后，该图标的背景色块会弹出并显示。图标通过改变自身的显示效果，给予用户明确的反馈。

*　设计步骤

实战

制作线框图标的动效

源文件：源文件\第4章\4-6-3.aep　　　视频：视频\第4章\4-6-3.mp4

01.　在Illustrator软件中绘制出线框图标，并且对所绘制的线框图标进行分层处理，以便在After Effects中制作每一层的动效，如图4-178所示。打开After Effects，执行"文件>导入>文件"命令，在弹出的"导入文件"对话框中选择需要导入的素材文件"源文件\第4章\素材\46301.ai"，如图4-179所示。

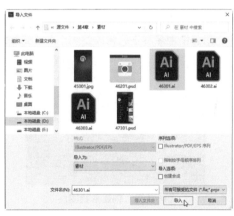

图4-178　图标的图层　　　　　　　　图4-179　选择需要导入的素材文件

提示

在"导入文件"对话框中选择需要导入的素材文件之后，"导入为"选项的下拉列表中包含3个选项，分别是"素材""合成—保存图层大小""合成"，选择相应的选项后，单击"导入"按钮，即可将选择的素材文件导入为所选择的类型。

02.　单击"导入"按钮，在弹出的对话框中对相关选项进行设置，如图4-180所示。单击"确定"按钮，导入素材文件并自动创建合成，如图4-181所示。

03.　在"项目"面板中的"46301"合成上单击鼠标右键，在弹出的菜单中执行"合成设置"命令，在弹出的对话框中对相关选项进行修改，如图4-182所示。然后单击"确定"按钮。双击打开"首页图标"合成，在"合成"窗口中可以看到该合成的效果，如图4-183所示。

图4-180 设置导入选项

图4-181 导入素材文件并自动创建合成

图4-182 在"合成设置"对话框修改相关选项

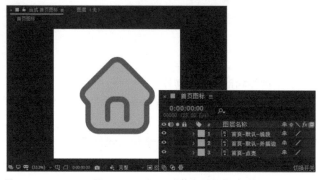

图4-183 打开"首页图标"合成

04. 在"时间轴"面板中同时选中所有图层,执行"图层>创建>从矢量图层创建形状"命令,基于所导入的矢量图层在After Effects中创建形状图层,如图4-184所示。将原先的AI素材图层删除,对各图层名称进行修改,如图4-185所示。

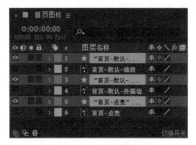

图4-184 创建形状图层

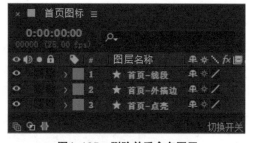

图4-185 删除并重命名图层

05. 将"首页-点亮"图层隐藏,同时选中其他两个图层,将"时间指示器"移至0秒10帧的位置,执行"编辑>拆分图层"命令,在当前位置对选中的图层进行拆分,将拆分得到的图层放置在最上方,如图4-186所示。选择"首页-外描边2"图层,单击"添加"三角形图标,在弹出的菜单中执行"修剪路径"命令,为该图层设置"修剪路径"相关选项,如图4-187所示。

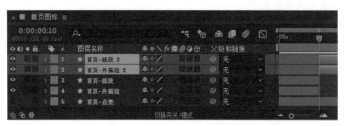

图4-186 将选中的图层拆分并调整位置

图4-187 设置"修剪路径"相关选项

06. 设置"结束"属性值为0%，此时该路径完全不可见，为"开始"和"偏移"属性插入关键帧，如图4-188所示。将"时间指示器"移至0秒20帧的位置，设置"开始"属性值为100%、"偏移"属性值为0x+100°，如图4-189所示。

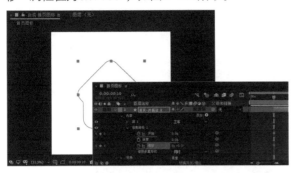

图4-188　设置"结束"属性值并为属性插入关键帧　　　　图4-189　设置"开始""偏移"属性值

07. 拖动"时间指示器"，可以看到在路径生长过程中，路径的端点为"平头端点"效果，如图4-190所示。展开该图层下方"组1"选项下的"描边1"选项，设置"线段端点"为"圆头端点"，效果如图4-191所示。

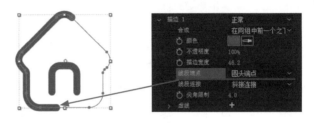

图4-190　平头端点效果　　　　　　　　图4-191　圆头端点效果

> **提示**
>
> 　　此处默认路径生长动画的方向为逆时针方向，如果希望将其修改为顺时针方向，可以单击该图层下方"路径1"选项右侧的"反转路径方向"图标。

08. 拖曳鼠标指针同时选中该图层中的所有关键帧，按【F9】键，为选中的关键帧应用"缓动"效果，如图4-192所示。选择"首页-外描边2"图层，按【Ctrl+D】组合键两次，将该图层复制两个，将"首页-外描边3"图层的内容整体向后移动1帧，将"首页-外描边4"图层的内容整体向后移动2帧，如图4-193所示。

图4-192　为关键帧应用"缓动"效果（1）　　　图4-193　复制两个图层并分别调整起始位置

09. 选择"首页-外描边4"图层，在工具栏中修改其"描边"颜色为#FFA500；选择"首页-外描边3"图层，在工具栏中修改其"描边"颜色为#59A6FF；选择"首页-外描边2"图层，在工具栏中修改其"描边"颜色为#FF55F1，效果如图4-194所示。使用相同的方法，完成"首页-线段2"图层中路径生长动画的制作，如图4-195所示。

10. 将"时间指示器"移至0秒18帧的位置，显示"首页-点亮"图层，将该图层内容向后拖曳，并调整从0秒18帧的位置开始，如图4-196所示。单击工具栏中的"填充"文字，弹出"填充选项"对话框，选择"线性渐变"选项，如图4-197所示。然后单击"确定"按钮。

图4-194　修改每个图层的"描边"颜色

图4-195　完成另一条路径生长动画的制作

图4-196　显示图层并调整图层内容的起始位置

图4-197　选择"线性渐变"选项

11. 单击工具栏中的"填充"文字后的色块，弹出"渐变编辑器"对话框，设置线性渐变颜色，如图4-198所示。单击"确定"按钮，在"合成"窗口中调整线性渐变填充效果，如图4-199所示。

图4-198　设置线性渐变颜色

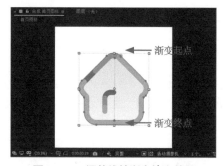

图4-199　调整线性渐变填充效果

12. 选择"向后平移（锚点）工具"，调整该图层的锚点位置至图形的右下角，如图4-200所示。选择"首页-点亮"图层，按【S】键，显示该图层的"缩放"属性，设置其属性值为0%，并插入关键帧，如图4-201所示。

图4-200　调整锚点位置

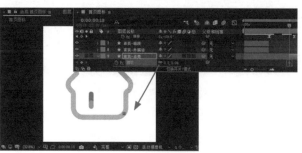

图4-201　设置"缩放"属性值并插入关键帧

13. 将"时间指示器"移至0秒23帧的位置，设置"缩放"属性值为88%，效果如图4-202所示。将"时间指示器"移至1秒03帧的位置，设置"缩放"属性值为78%；将"时间指示器"移至1秒08帧的位置，设置"缩放"属性值为86%；将"时间指示器"移至1秒13帧的位置，设置"缩放"属性值为80%；将"时间指示器"移至1秒18帧的位置，设置"缩放"属性值为84%；将"时间指示器"移至1秒23帧的位置，设置"缩放"属性值为82%；选中该图层的所有属性关键帧，按【F9】键，为选中的关键帧应用"缓动"效果，如图4-203所示。

图4-202　设置"缩放"属性值的效果　　　　图4-203　为关键帧应用"缓动"效果（2）

14. 完成首页图标的动效制作，使用相同的方法，完成其他图标的动效制作，效果如图4-204所示。

图4-204　完成其他图标的动效制作

15. 执行"合成>新建合成"命令，弹出"合成设置"对话框，设置如图4-205所示。单击"确定"按钮，新建合成。选择"圆角矩形工具"，设置"填充"为白色、"描边"为无，在"合成"窗口中绘制一个圆角矩形，如图4-206所示。

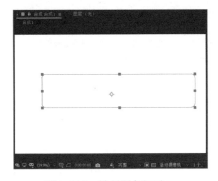

图4-205　"合成设置"对话框的设置　　　　图4-206　绘制圆角矩形

16. 展开该图层下方"矩形1"的"矩形路径1"选项，设置"圆度"为80，调整圆角矩形到合适的大小和位置，如图4-207所示。执行"图层>图层样式>投影"命令，对"投影"图层样式的相关选项进行设置，效果如图4-208所示。

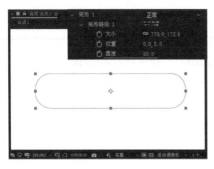

图4-207　设置"圆度"并调整大小和位置　　　　图4-208　设置"投影"图层样式相关选项的效果

17. 在"项目"面板中将"首页图标"合成拖入"时间轴"面板中，按【S】键，设置该图层的"缩放"属性值为20%，在"合成"窗口中将其移至合适的位置，如图4-209所示。按【Ctrl+D】组合键，复制"首页图标"图层，将复制得到的图层重命名为"首页图标2"，如图4-210所示。

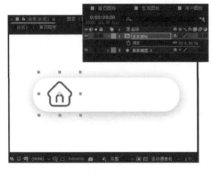

图4-209　拖入合成并调整（1）

图4-210　复制并重命名图层

18. 将"时间指示器"移至起始位置，选择"首页图标"图层，执行"图层>时间>冻结帧"命令，冻结当前帧，并调整该图层的持续时间至与合成的持续时间相同，如图4-211所示。在"项目"面板中将"发现图标"合成拖入"时间轴"面板中，按【S】键，设置该图层的"缩放"属性值为20%，在"合成"窗口中将其移至合适的位置，如图4-212所示。

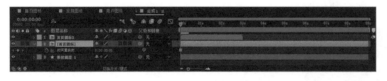

图4-211　冻结帧并调整图层持续时长（1）

图4-212　拖入合成并调整（2）

19. 按【Ctrl+D】组合键，复制"发现图标"图层，将复制得到的图层重命名为"发现图标2"，并调整该图层从3秒的位置开始，如图4-213所示。将"时间指示器"移至起始位置，选择"发现图标"图层，执行"图层>时间>冻结帧"命令，冻结当前帧，并调整该图层的持续时间至与合成的持续时间相同，如图4-214所示。

20. 使用相同的方法，将"用户图标"从"项目"面板拖入"时间轴"面板中进行处理，"合成"窗口如图4-215所示，"时间轴"面板如图4-216所示。

21. 单击"预览"面板上的"播放/停止"按钮▶，可以在"合成"窗口中预览动画效果，如图4-217所示。

图4-213　复制图层并调整图层内容的位置

图4-214　冻结帧并调整图层持续时长（2）

图4-215　"合成"窗口

图4-216　"时间轴"面板

图4-217　预览线框图标的动效

4.7 导航菜单交互动效

移动界面中导航菜单的表现形式多种多样，除了目前广泛使用的交互式侧边导航菜单外，还有其他的一些表现形式。合理的导航菜单交互动效设计，不仅可以提升产品的用户体验，还可以增强移动应用的设计感。

4.7.1 导航菜单交互动效的优势

移动端的导航菜单形式与传统PC端的导航菜单形式有一定的区别，主要表现在移动端为了节省屏幕的显示空间，通常采用交互式动态导航菜单。默认情况下，移动界面会隐藏导航菜单，这样做的目的是在有限的屏幕空间中充分展示界面内容；用户需要使用导航菜单时，可以通过点击相应的图标来打开导航菜单，常见的有侧边滑出式菜单、顶部滑出式菜单等形式，如图4-218所示。

图4-218 侧边滑出式菜单

提 示

　　侧边式导航又称为抽屉式导航，在移动界面中常常与顶部或底部标签导航结合使用。侧边式导航将部分信息内容隐藏，突出了界面中的核心内容。

　　交互式动态导航菜单能给用户带来新鲜感和愉悦感，并且能有效提升用户的交互体验，但是不能忽略其最重要的性质——使用性。在设计交互式导航菜单时，需要尽可能使用用户熟悉和了解的操作方法来表现，从而使用户能够快速适应界面的操作。

4.7.2 导航菜单交互动效的设计要点

　　在设计移动界面的导航菜单时，最好按照移动操作系统所设定的规范进行。这样不仅能使设计出的导航菜单界面更美观，而且能与操作系统协调一致，使用户能够根据平时对系统的操作经验，触类旁通地知晓该移动应用的各项功能和便捷的操作方法，从而提高移动应用的灵活性和可操作性。图4-219所示为常见的移动导航菜单设计。

图4-219 常见的移动端导航菜单设计

　　（1）不可操作的菜单一般需要做灰色处理。导航菜单中有一些菜单是以灰色形式以及虚线字符来显示的，这表示该命令当前不可用，也就是说，当前还不具备执行此命令的条件。

　　（2）对当前正在使用的命令进行标记。对当前正在使用的命令，可以使用改变背景色或在菜单命令旁边添加√的方式来区别显示当前正在使用和未使用的命令，使菜单的应用更具有识别性。

　　（3）对相关的命令使用分隔条进行分组。为了使用户迅速地在菜单中找到需要执行的命令，非常有必要用分隔条对菜单中相关的命令进行分组，这样可以使菜单界面更清晰、便于用户操作。

　　（4）应用动态菜单和弹出式菜单。动态菜单即在移动端应用运行过程中会伸缩的菜单，弹出式菜单的设计则可以有效节约界面空间。动态菜单和弹出式菜单的设计和应用可以更好地提高应用界面的灵活性和可操作性。

　　图4-220所示为隐藏式导航菜单交互动效。

当用户点击界面左上角的导航菜单图标时，整个界面内容会以交互动画的形式缩小至界面右侧，并且在缩小的过程中会以模糊的方式呈现出运动感；与此同时，界面左侧的大部分区域会显示出隐藏的导航菜单，并且导航菜单选项会以渐现的方式出现。动态的表现方式使 UI 的交互性更加突出，从而有效提升用户的交互体验。

图4-220　隐藏式导航菜单交互动效

4.7.3　实战——制作侧滑式导航菜单交互动效

侧滑式导航菜单是App中最常见的导航菜单形式，这种形式能够有效节省界面的空间。本实战所制作的侧滑式导航菜单主要通过改变"蒙版路径""位置""不透明度"等基础属性来实现动效的表现。

*　动效分析

侧滑式导航菜单的动效表现通常是当用户点击界面中的菜单图标后，默认隐藏的导航菜单从界面侧边动态滑入；当用户不需要使用时点击界面空白位置，导航菜单滑出隐藏。这样不仅扩展了界面空间，同时也使界面具有一定的交互动效。

*　设计步骤

> **实战**
>
> **制作侧滑式导航菜单交互动效**
> 源文件：源文件\第4章\4-7-3.aep　　　视频：视频\第4章\4-7-3.mp4

01．前面已经在Photoshop中设计出该侧边交互导航界面，这里可以对该界面的图层进行整理，以便在After Effects中制作侧滑式导航菜单交互动效，如图4-221所示。打开After Effects，执行"文件>导入>文件"命令，在弹出的"导入文件"对话框中选择需要导入的素材文件"源文件\第4章\素材\47301.psd"，如图4-222所示。

图4-221　侧边交互导航界面的图层

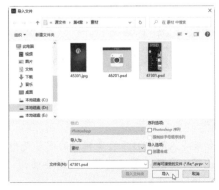

图4-222　选择需要导入的素材文件

02. 单击"导入"按钮，在弹出的对话框中对相关选项进行设置，如图4-223所示。单击"确定"按钮，导入素材文件并自动创建合成，如图4-224所示。

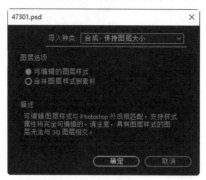

图4-223　设置导入选项　　　　　　　图4-224　导入素材文件并自动创建合成

03. 在"项目"面板中的"47301"合成上单击鼠标右键，在弹出的菜单中执行"合成设置"命令，弹出"合成设置"对话框，设置"持续时间"选项为4秒，如图4-225所示。单击"确定"按钮，确认"合成设置"对话框中的设置，双击"47301"合成，在"合成"窗口中可以看到该合成的效果，如图4-226所示。

04. 制作"菜单背景"图层中的动画效果，在"时间轴"面板中将"界面背景"图层锁定，将"菜单选项"图层隐藏，如图4-227所示。选择"菜单背景"图层，展开该图层下方的"蒙版1"选项，如图4-228所示。

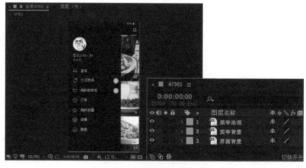

图4-225　设置"持续时间"选项　　　　　　　图4-226　"合成"效果（1）

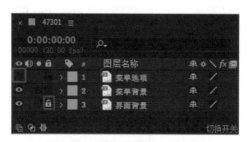

图4-227　锁定和隐藏相应的图层　　　　　　　图4-228　展开"蒙版1"选项

如果导入的PSD分层素材中的图层是形状图层，则导入After Effects后该图层将自动添加蒙版选项，如果是普通图层，则需要使用"矩形工具"在"合成"窗口中绘制一个与菜单背景大小相同的矩形蒙版。

05. 将"时间指示器"移至1秒16帧的位置，为该图层下方"蒙版1"选项中的"蒙版路径"属性插入关键帧，如图4-229所示。按【U】键，"菜单背景"图层下方仅显示添加了关键帧的属性，如图4-230所示。

图4-229 为"蒙版路径"属性插入关键帧   图4-230 仅显示添加了关键帧的属性

06. 选择"添加'顶点'工具"，在蒙版形状右侧边缘的中间位置单击以添加锚点，选择"转换'顶点'工具"，单击所添加的锚点，在垂直方向上拖曳鼠标指针，显示该锚点的方向线，如图4-231所示。将"时间指示器"移至起始位置，选择"蒙版1"选项，在"合成"窗口中使用"选取工具"调整该蒙版路径到合适的大小和位置，如图4-232所示。

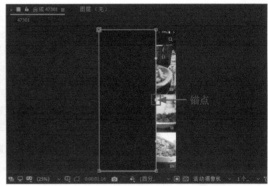

图4-231 添加锚点   图4-232 调整蒙版路径的大小和位置

07. 将"时间指示器"移至1秒的位置，在"合成"窗口中使用"选取工具"调整该蒙版路径的形状，如图4-233所示。同时选中该图层中的3个关键帧，按【F9】键，为选中的关键帧应用"缓动"效果，如图4-234所示。

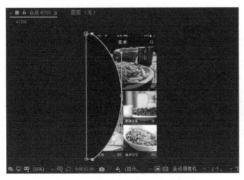

图4-233 调整蒙版路径的形状   图4-234 为关键帧应用"缓动"效果（1）

08. 保持关键帧处于选中状态，单击"时间轴"面板上的"图表编辑器"按钮，进入图表编辑状态，如图4-235所示。单击右侧运动曲线的锚点，拖曳方向线调整运动速度曲线，如图4-236所示。

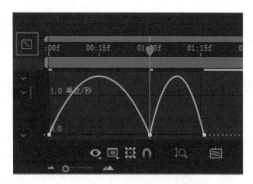

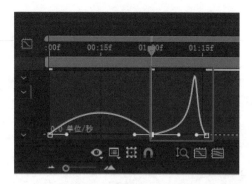

图4-235 进入图表编辑状态　　　　　　　　　　图4-236 调整运动速度曲线

09. 单击"图表编辑器"按钮，返回默认状态。显示并选择"菜单选项"图层，将"时间指示器"移至1秒18帧的位置，为该图层的"位置"和"不透明度"属性插入关键帧，如图4-237所示，"合成"窗口中的效果如图4-238所示。

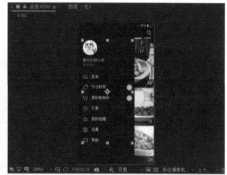

图4-237 为"位置"和"不透明度"属性插入关键帧　　　图4-238 "合成"效果（2）

10. 将"时间指示器"移至1秒的位置，在"合成"窗口中将该图层内容向左移至合适的位置，并设置其"不透明度"属性值为0%，如图4-239所示。同时选中该图层中的两个"位置"属性的关键帧，按【F9】键，为选中的关键帧应用"缓动"效果，如图4-240所示。

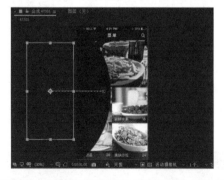

图4-239 调整位置并设置"不透明度"属性值　　　图4-240 为关键帧应用"缓动"效果（2）

> **提示**
>
> 这里是将导航菜单选项作为一个整体来制作其同时进入界面中的动画效果的，当然也可以将各导航菜单选项分开，分别制作各导航菜单选项进入界面的动画效果，这样可以使侧滑式导航菜单的动效更加丰富。

11. 将制作的侧滑式菜单动效输出为视频。执行"合成>添加到渲染队列"命令，将该动画中的合成添加到"渲染队列"面板中，如图4-241所示。单击"渲染设置"选项后的"最佳设置"文字，弹出"渲染设置"对话框，在其中对相关选项进行设置，如图4-242所示。单击"确定"按钮，确认"渲染设置"对话框中的设置。

12. 单击"输出模块"选项后的"无损"文字，弹出"输出模块设置"对话框，设置"格式"选项为"QuickTime"，其他选项采用默认设置，如图4-243所示。单击"确定"按钮，确认"输出模块设置"对话框中的设置，单击"输出到"选项后的文字，弹出"将影片输出到"对话框，设置输出文件的名称和保存位置，如图4-244所示。

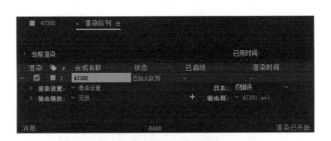

图4-241 将合成添加到"渲染队列"面板中　　　　图4-242 "渲染设置"对话框及相关设置

图4-243 设置"格式"选项　　　　图4-244 设置输出文件的名称和保存位置

13. 单击"保存"按钮，"渲染队列"面板如图4-245所示。单击"渲染队列"面板右上角的"渲染"按钮，即可按照当前的渲染输出设置将合成输出，输出完成后在设置的保存位置可以看到所输出的"4-7-3.mov"文件，如图4-246所示。

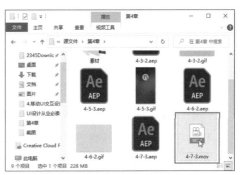

图4-245 "渲染队列"面板　　　　图4-246 输出的视频文件

14. 如果需要将动效输出为GIF格式的动态图片，则需要结合Photoshop进行处理。打开Photoshop，执行"文件>导入>视频帧到图层"命令，弹出"打开"对话框，选择视频文件"4-7-3.mov"，如图4-247所示。单击"打开"按钮，弹出"将视频导入图层"对话框，如图4-248所示。

15. 保留默认设置，单击"确定"按钮，完成视频文件的导入，软件自动将视频中的每一帧画面放入"时间轴"面板中，如图4-249所示。执行"文件>导出>存储为Web所用格式"命令，弹出"存储为Web所用格式"对话框，如图4-250所示。

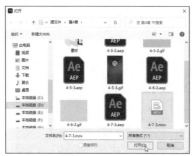

图4-247 选择视频文件

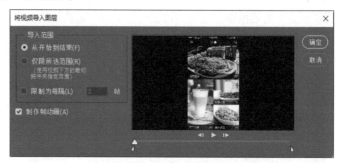

图4-248 "将视频导入图层"对话框

图4-249 "时间轴"面板

图4-250 "存储为Web所用格式"对话框

16. 在"存储为Web所用格式"对话框的右上角选择格式为GIF，在右下角的"动画"选项区中设置"循环选项"为"永远"，如图4-251所示。单击播放按钮，可预览动画播放效果。单击"存储"按钮，弹出"将优化结果存储为"对话框，设置保存位置和文件名称，如图4-252所示。

图4-251 设置动画的"循环选项"

图4-252 设置保存位置和文件名称

17. 单击"保存"按钮，即可完成GIF格式动画文件的输出。打开该侧滑式导航菜单动效的GIF动画文件，可以预览该动效，如图4-253所示。

图4-253　预览侧滑式导航菜单交互动效

4.8
练习题

1．选择题

（1）当人们打开一个App界面时，对产品的（　　　）感知是最强的。

A．界面设计　　　　　B．动态信息　　　　C．界面配色　　　D．图形设计

（2）UI动效是一种提高交互操作（　　　）的方法。

A．可用性　　　　　　B．易用性　　　　　C．沉浸感　　　　D．情感化

（3）以下关于优秀交互动效设计特点的描述，错误的是（　　　）。

A．快速并且流畅

B．给交互以恰当的反馈

C．迫使用户注意界面中炫酷的动效设计

D．为用户提供良好的视觉效果

（4）以下关于交互动效优势的描述，错误的是（　　　）。

A．交互动效设计可以更加全面、形象地展示产品的功能、界面、交互操作等细节，让用户更直观地了解产品的核心特征、用途、使用方法等细节

B．许多Logo已经不再局限于静态的展示效果，而是采用动态效果进行表现，从而使得品牌形象的表现更加生动

C．设计不能光靠嘴，静态的设计图也不见得能让观者一目了然，交互动效更有利于产品原型的展示

D．在产品中合理地添加动态效果，无法拉近产品与用户之间的距离，也不能使界面表现更具趣味性

（5）（　　　）主要是指一些用于展示炫酷的动画效果或者对产品功能进行演示的动效设计。

A．操作型动效　　　B．文字型动效

C．展示型动效　　　D．功能型动效

2．判断题

（1）在UI设计中加入交互动效，可以使界面表现得更加炫酷、好玩。

（2）恰当的动效设计能够使用户更容易理解UI的交互方式。

（3）在产品的交互操作过程中恰当地加入精心设计的动效，能够向用户有效提示当前的操作状态，增强用户对直接操纵的感知，通过视觉化的方式向用户呈现操作结果。

（4）展示型动效多适用于产品设计，是UI交互设计中最常见的动效类型，用户与界面进行交互时所产生的动效都可以认为是功能型动效。

（5）在切换图标的时候加入过渡动效，能够有效提升产品的用户体验，给App界面增色不少。

3．操作题

根据本章所学习的UI元素交互动效知识，完成一个或多个UI元素交互动效的设计，具体要求和规范如下。

＊　内容/题材/形式。

按钮、加载进度条、导航菜单等不同的UI元素

＊　设计要求。

根据本章所学习的知识，在After Effects中完成一种UI元素交互动效的设计，要求表现效果流畅、自然。

第 5 章

界面交互动效

界面中的交互动效并不是为了娱乐用户，而是为了让用户理解现在所发生的事情，更有效地说明产品的使用方法。真正好的UI设计是设计师设计出精美的界面、整理出清晰的交互逻辑、利用动效引导用户、把漂亮的界面衔接起来。

本章将向读者介绍界面交互动效的相关知识，并通过案例的制作使读者掌握界面交互动效的制作方法。

5.1 设计界面交互动效

好的交互动效设计首先要服务于用户体验，其次要让用户感受到产品的情感互动，最后也是最基本的就是要具有视觉上的美感。那么，初学者如何才能设计出好的交互动效呢？

5.1.1 拥有一个出色的想法

要想设计出一个好的界面交互动效，首先必须拥有一个出色的想法。想法怎么来？怎么构思？可以从以下6个方面入手。

1. 结合产品进行设计

在设计界面交互动效之前，需要结合产品进行细致思考，而不要盲目开始。动效设计的思路是注重提升产品的用户体验。

2. 了解动效的基本常识

在进行动效设计之前首先需要了解动效的基本常识，这些常识包括运动基本常识（如基本的运动规律、节奏等）、动效制作软件的基本操作、动效的实现方式、大致成本等。只有理解并掌握这些基本常识，才能够确保动效设计顺利进行。

3. 观察生活

人们对美的认知，大部分来自日常的生活经历。比如，什么样的运动是轻松的或激烈的。当需要构思的动效存在定位的时候，可以从生活中相同或相似的自然事物中寻找灵感，汲取精华。

4. 多看多思考

除了观察生活，还需要多看一些优秀的动效设计。在观看的过程中，思考为什么要这么设计，是通过哪些技巧和方法完成这个动效设计的，以及动效的整体节奏等。时刻用优秀的作品与自己对类似事物的想法进行对比，找差距、补不足，从而慢慢积累。

5. 学会拆解

大多数的动效设计都是通过基础的变化组合而成的。我们需要多看多观察，慢慢学会拆解别人复杂的动效设计，从中总结经验，然后通过合理的编排设计出自己的动效。

提 示

动效设计中的基础变化主要包含4种，分别为移动、旋转、缩放和属性变化。将这些变化形式经过合理的编排并配以合适的运动节奏，就能设计出一个出色的动效。

图5-1所示为某App界面中的交互动效设计。

许多动效都是由元素的基础属性变化而成的，例如，该App界面中的交互动效主要就是通过对元素的旋转属性进行设置而形成的。多种基础属性变化的结合就能表现比较复杂的动画效果。

图5-1　某App界面中的交互动效设计

6. 紧跟设计潮流

设计师要时刻保持对设计行业，或者说对动效设计领域的关注，了解当下设计趋势、设计方式和表现手法等，不做落伍者，也不要把自己永远定义为跟随者。

图5-2所示为某金融类App界面中的交互动效设计。

这是一个金融类App界面中的交互动效设计，当用户将界面中的银行卡部分向下拖曳时，当前银行卡会在三维空间中向下移动，并且界面中的列表内容将从下方逐渐消失。界面会过渡到卡片选择界面，界面中的卡片模拟现实生活中的表现方式，在三维空间叠加放置，界面具有很强的空间立体感。

图5-2　某金融类App界面中的交互动效设计

5.1.2　实现想法

前面介绍了如何获得一个出色的想法，有了想法接下来就应该去实现。实现想法时遇到的基本都是技术和技巧方面的问题，这就需要不断地进行学习和积累。

1. 动手尝试，熟能生巧

理解了一定的理论知识后，一定要亲自动手尝试，只有不断尝试才能锻炼技术和技巧，才能真正验证设计。

2. 多临摹，多练习

对于任何行业，临摹都是一种非常有效的入门方法，动效设计行业也是如此。临摹的过程其实就是与优秀设计师交流的过程，从中能够了解和学习他的设计思路和表现手法，也能够结合自身经验对原有设计手法进行优化升级，因此是很好的提升技巧的方法。

3. 注重细节

细节决定成败，动效设计一定要注重动效细节的表现。这就需要设计师做到全面思考，认真实践。

4. 使动效富有节奏感

使动效富有节奏感，才能够赋予作品活力。

5. 先加后减

在进行动效设计的过程中，可以不断地丰富原有的设计想法。当不太明确如何丰富设计，或者不太清楚使用何种技巧能达到预期目标时，可以先尝试动态化某些元素，从而创造出可能性，实现突破。然后，在这些可能性和突破中使用减法，去除多余、保留精华。

5.1.3 实战——制作智能家居App界面的转场动效

界面转场是App界面中非常常见的动效。本小节将完成一个智能家居App界面转场动效的设计，动效的主要表现为当界面转换时，当前界面中的元素逐渐消失，目标界面中的元素逐渐入场。

* 动效分析

本小节将带领读者完成一个智能家居App解锁转场动效的制作。该动效的表现为当解锁成功时，界面中各元素通过"位置""缩放""不透明度"属性的变化从界面中消失，而主界面中的元素则同样通过"位置""缩放""不透明度"属性的变化出现在界面中，从而实现界面的转场。读者在实际制作过程中要特别注意运动规律和细节的处理。

* 设计步骤

> **实 战**
>
> **制作智能家居App界面转场动效**
> 源文件：源文件\第5章\5-1-3.aep　　　　视频：视频\第5章\5-1-3.mp4

01. 在Photoshop中打开已经设计好智能家居App界面的PSD文件"源文件\第5章\素材\51301.psd"，软件中会显示相关图层，如图5-3所示。打开After Effects，执行"文件>导入>文件"命令，在弹出的"导入文件"对话框中选择该素材文件，如图5-4所示。

图5-3　智能家居App界面及相关图层

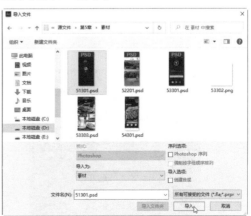

图5-4　选择需要导入的素材文件

02. 单击"导入"按钮，弹出对话框，设置如图5-5所示。单击"确定"按钮，导入素材文件并自动创建合成，如图5-6所示。

图5-5　设置导入选项

图5-6　导入素材文件并自动创建合成

03. 在"项目"面板中的"51301"合成上单击鼠标右键，在弹出的菜单中执行"合成设置"命令，弹出"合成设置"对话框，修改"合成名称"和"持续时间"选项，如图5-7所示。单击"确定"按钮，确认对话框中的设置，双击"智能家居界面"合成，在"合成"窗口中打开该合成，效果如图5-8所示。

图5-7　修改相关选项

图5-8　"合成"效果

04. 在"时间轴"面板中可以看到该合成中相应的图层，如图5-9所示。接下来制作滑动解锁动画。不选中任何对象，选择"椭圆工具"，在工具栏中设置"填充"为#A39EBB、"填充不透明度"为20%、"描边"为#C2A6E5、"描边不透明度"为45%、"描边宽度"为2像素，在"合成"窗口中按住【Shift】键的同时拖曳鼠标指针绘制一个圆形，如图5-10所示。

图5-9　"时间轴"面板中的图层

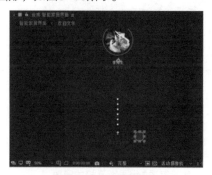

图5-10　绘制圆形

　　在"时间轴"面板中可以看到的图层与PSD素材文件中的图层是一一对应的，并且PSD素材文件中的图层文件夹都会被自动创建为相同名称的合成。PSD素材文件中隐藏的图层和图层文件夹导入After Effects中后，同样保持隐藏的状态。

　　05. 将该图层重命名为"光标"，将"时间指示器"移至0秒04帧的位置，按【T】键，显示该图层的"不透明度"属性，为该属性插入关键帧，并设置其属性值为0%，如图5-11所示。将"时间指示器"移至0秒10帧的位置，设置"不透明度"属性值为100%，效果如图5-12所示。

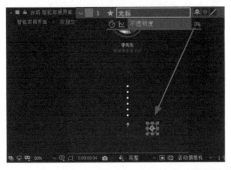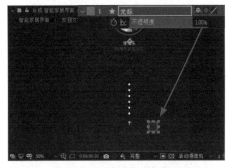

图5-11　为"不透明度"属性插入关键帧并设置属性值（1）　　图5-12　设置"不透明度"属性值的效果（1）

　　06. 选择"向后平移（锚点）工具"，将该圆形的锚点调整至正圆形的中心位置，按【P】键，显示"位置"属性，为该属性插入关键帧，如图5-13所示。将"时间指示器"移至0秒24帧的位置，在"合成"窗口中将圆形移至合适的位置，如图5-14所示。

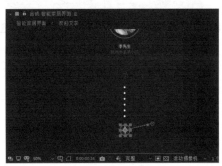

图5-13　为"位置"属性插入关键帧　　　　　　　　图5-14　移动圆形（1）

　　07. 将"时间指示器"移至1秒18帧的位置，在"合成"窗口中将圆形移至合适的位置，如图5-15所示。将"时间指示器"移至0秒24帧的位置，按【S】键，显示该图层的"缩放"属性，为该属性插入关键帧，如图5-16所示。

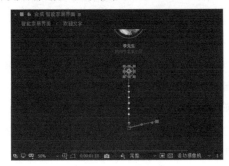

图5-15　移动圆形（2）　　　　　　　　　　　图5-16　为"缩放"属性插入关键帧

08. 将"时间指示器"移至1秒02帧的位置，设置"缩放"属性值为80%，效果如图5-17所示。将"时间指示器"移至1秒18帧的位置，为"缩放"和"不透明度"属性添加关键帧，如图5-18所示。

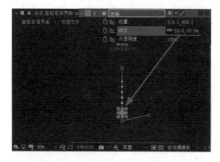

图5-17　设置"缩放"属性值的效果　　　　图5-18　为"缩放"和"不透明度"属性添加关键帧（1）

09. 将"时间指示器"移至1秒21帧的位置，设置"缩放"属性值为100%、"不透明度"属性值为0%，效果如图5-19所示。同时选中该图层中"位置"和"缩放"属性的所有关键帧，按【F9】键，为其应用"缓动"效果，如图5-20所示。

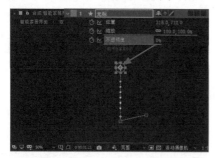

图5-19　设置"缩放"和"不透明度"属性值　　　图5-20　为关键帧应用"缓动"效果（1）

10. 选择"欢迎文字"图层，将"时间指示器"移至1秒08帧的位置，分别为该图层的"位置""缩放""不透明度"属性插入关键帧，如图5-21所示。将"时间指示器"移至1秒18帧的位置，设置"缩放"属性值为50%、"不透明度"属性值为0%，将其向上移动一些距离，效果如图5-22所示。

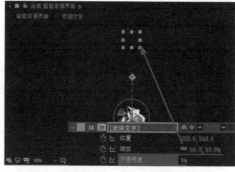

图5-21　为属性插入关键帧　　　　　　图5-22　设置属性值并调整位置（1）

11. 同时选中该图层中"位置"和"缩放"属性的所有关键帧，按【F9】键，为其应用"缓动"效果，如图5-23所示。选择"头像"图层，将"时间指示器"移至1秒08帧的位置，分别为该图层的"位置"和"缩放"属性添加关键帧，如图5-24所示。

12. 将"时间指示器"移至1秒24帧的位置，设置"缩放"属性值为35%，将其调整至界面的左上角，如图5-25所示。同时选中该图层中的所有关键帧，按【F9】键，为其应用"缓动"效果，如图5-26所示。

图5-23　为关键帧应用"缓动"效果（2）

图5-24　为"位置"和"缩放"属性添加关键帧

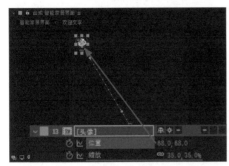

图5-25　设置"缩放"属性值并调整位置

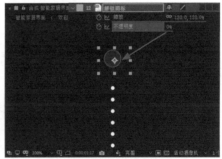

图5-26　为关键帧应用"缓动"效果（3）

13.　选择"解锁图标"图层，将"时间指示器"移至1秒11帧的位置，分别为该图层的"缩放"和"不透明度"属性添加关键帧，如图5-27所示。将"时间指示器"移至1秒17帧的位置，设置"缩放"属性值为120%、"不透明度"属性值为0%，效果如图5-28所示。

图5-27　为"缩放"和"不透明度"属性添加关键帧（2）

图5-28　设置"缩放"和"不透明度"
属性值的效果（2）

14.　使用相同的方法，分别制作出"圆点箭头"和"向上滑动解锁"图层中的动画，"时间轴"面板如图5-29所示。

图5-29　"时间轴"面板（1）

15.　显示并选中"家里"图层，将"时间指示器"移至2秒05帧的位置，分别为该图层的"位置""缩放""不透明度"属性添加关键帧，如图5-30所示。将"时间指示器"移至1秒18帧的位置，设置"缩放"属性值为90%、"不透明度"属性值为0%，并将其向下移动，效果如图5-31所示。

图5-30　为属性添加关键帧（1）　　　　　　图5-31　设置属性值并调整位置（2）

16. 同时选中该图层中"位置"和"缩放"属性的所有关键帧，按【F9】键，为其应用"缓动"效果，如图5-32所示。显示并选中"分隔线"图层，将"时间指示器"移至1秒14帧的位置，按【T】键，显示"不透明度"属性，为该属性添加关键帧并设置其属性值为0%，如图5-33所示。

图5-32　为关键帧应用"缓动"效果（4）　　　图5-33　为"不透明度"属性添加关键帧
　　　　　　　　　　　　　　　　　　　　　　　　　　并设置属性值（2）

17. 将"时间指示器"移至1秒18帧的位置，设置"不透明度"属性值为100%，效果如图5-34所示。显示并选中"图标1"图层，选择"向后平移（锚点）工具"，调整其锚点至图层对象的中心位置，如图5-35所示。

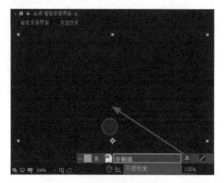
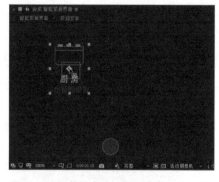

图5-34　设置"不透明度"属性值的效果（2）　　图5-35　调整锚点至图层对象的中心位置

18. 将"时间指示器"移至2秒05帧的位置，分别为该图层的"位置""缩放""不透明度"属性添加关键帧，如图5-36所示。将"时间指示器"移至1秒16帧的位置，设置"缩放"属性值为140%、"不透明度"属性值为0%，并将其向左上角移动，如图5-37所示。

19. 同时选中该图层中"位置"和"缩放"属性的所有关键帧，按【F9】键，为其应用"缓动"效果，如图5-38所示。

20. 使用相同的方法，完成"图标2"至"图标6"图层中动画效果的制作，需要注意的是，可以使每个图标从不同的方向入场，效果如图5-39所示，"时间轴"面板如图5-40所示。

21. 完成该App解锁转场动效的制作，单击"预览"面板上的"播放/停止"按钮▶，可以在"合成"窗口中预览动画效果。也可以根据前面介绍的渲染输出方法，将该动画渲染输出为视频文件，再使用Photoshop将其输出为GIF格式的动画。智能家居App界面转场动效如图5-41所示。

图5-36　添加多个属性关键帧（2）

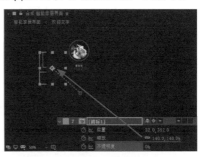

图5-37　设置属性值并调整位置（3）

图5-38　为关键帧应用"缓动"效果（5）

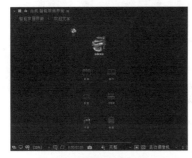

图5-39　动效制作效果

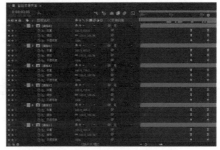

图5-40　"时间轴"面板（2）

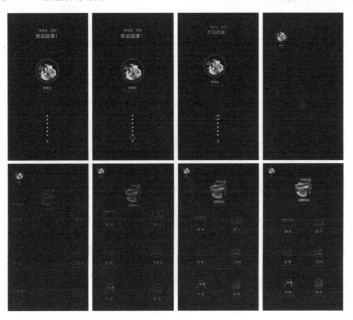

图5-41　智能家居App界面转场动效

5.2
界面交互动效的表现形式

界面交互动效能够清晰地表达界面之间或者内容之间的逻辑关系。动效的应用能够为用户提供更加清晰的操作指引，表现出界面和内容的层级关系。

5.2.1 界面交互动效的常见表现形式

想要充分理解界面中的交互动效设计，就需要了解交互动效在App界面中的常见表现形式。

1. 滚动效果

滚动效果是指界面内容根据用户的操作手势进行滚动的动画效果，该动画效果非常适用于界面中的列表信息。滚动效果是频繁使用的交互动画效果，也可以在滚动效果的基础上加入一些其他的动画效果，使得界面的交互更加有趣和丰富。图5-42所示为滚动效果在App界面中的应用。

图5-42　滚动效果在App界面中的应用

当用户在界面中需要进行垂直或水平滑动操作时，都可以使用滚动效果。该效果在很多元素中均可以使用，如界面中的列表、图片等。

2. 平移效果

当一张图片在有限的手机屏幕中没有办法完整显示的时候，就可以在界面中加入平移效果；与此同时，还可以在平移的基础上添加放大等动画效果，使界面动画的表现更加灵活。图5-43所示为平移效果在App界面中的应用。

通常内容大于界面的产品会使用平移效果，最常见的就是地图应用。

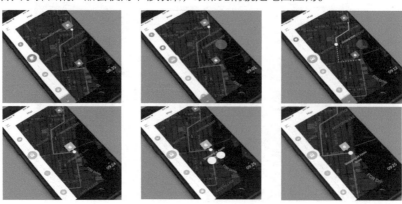

图5-43　平移效果在App界面中的应用

3. 扩大弹出效果

扩大弹出效果是指界面中的内容会从缩略图转换为全屏视图（一般这个内容的中心点也会跟着移动到屏幕的中央），相反的动效就是内容从全屏视图转换为缩略图。扩大弹出效果的优点是能清楚地告诉用户他所点击的地方被放大了。图5-44所示为扩大弹出效果在App界面中的应用。

图5-44　扩大弹出效果在App界面中的应用

如果界面中的元素需要与用户进行单一的交互，如点击图片查看详情，就可以使用扩大弹出效果，使转场过渡更加自然。

4. 最小化效果

最小化效果是指界面元素在被点击之后缩小，然后移动到屏幕上相应的位置；相反的动效就是扩大，即界面元素从某个图标或缩略图切换为全屏显示。这样做的好处是能够清楚地告诉用户最小化的元素可以在哪里找到。如果没有动效的引导，用户可能需要花更多的时间去寻找他所需要的元素。图5-45所示为最小化效果在App界面中的应用。

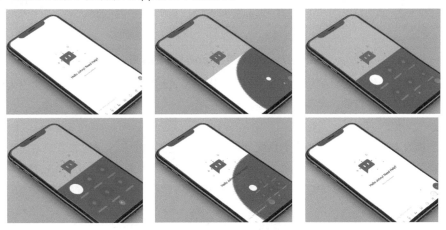

图5-45　最小化效果在App界面中的应用

当用户想要最小化某个元素的时候，如搜索、快捷按钮图标等，可以为这些元素添加最小化效果。

5. 标签转换效果

标签转换效果是指根据界面中内容的切换，标签按钮相应地在视觉上做出改变，同时标题也随着内容的移动而改变。这样能够清晰地展示标签和内容之间的从属关系，让用户能够清晰地理解界面之间的架构。图5-46所示为标签转换效果在App界面中的应用。

标签转换效果适用于同一层级界面之间的切换，如切换导航。在App界面中使用标签转换动画效果可以让用户更了解界面的架构。

图5-46　标签转换效果在App界面中的应用

6. 滑动效果

滑动效果是指信息列表跟随用户的交互手势而动,交互动作结束后再回到相应的位置上,以保持界面的整齐。这种交互动效属于指向型动画,内容的滑动方向取决于用户使用哪种手势。它的作用就是通过指向型转场有效帮助用户厘清界面内容的层级排列情况。图5-47所示为滑动效果在App界面中的应用。

图5-47　滑动效果在App界面中的应用

如果界面中的元素需要以列表的方式呈现,可以使用滑动效果。比如,一些人物的选择、款式的选择等场景都适合使用滑动效果加以呈现。

7. 对象切换效果

对象切换效果是指当前界面移动到后面,新的界面移动到前面。这样能够清楚地显示界面之间是如何切换的,而不会显得太突兀和莫名其妙。图5-48所示为对象切换效果在App界面中的应用。

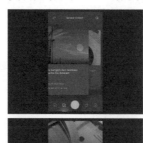

图5-48　对象切换效果在App界面中的应用

滑动切换效果相对来说比较单一和常见，而对象切换动画效果可以让用户产生眼前一亮的感觉，因此常应用于一些商品图片的切换等场景。

8. 展开堆叠效果

展开堆叠效果是指界面中堆叠在一起的元素被展开，这样能够清楚地告诉用户每个元素的排列情况，元素从哪里来、到哪里去，显得更加有趣。图5-49所示为展开堆叠效果在App界面中的应用。

图5-49　展开堆叠效果在App界面中的应用

某个界面中需要展示较多的功能选项时，可以使用展开堆叠效果。当一个功能中隐藏了好几个二级功能时，就可以使用展开堆叠效果，以便引导用户。

9. 翻页效果

翻页效果是指当用户在界面中滑动时，出现类似现实生活中翻页的效果。翻页效果也能清晰地展现列表层级的信息架构，并且模仿现实生活场景的动画效果更富有情感。图5-50所示为翻页效果在App界面中的应用。

翻页效果主要应用于用户需要进行一些翻页操作的场景，如阅读、记账等。使用翻页效果会更贴近现实生活，从而引起用户共鸣。

图5-50　翻页效果在App界面中的应用

10. 融合效果

融合效果是指界面中的元素会根据用户的交互操作而分离或结合，让用户感受到元素与元素之间的关联。比起直接切换，显然用融合动画进行切换更加有趣。图5-51所示为融合效果的应用。

融合效果适用于当用户在界面中操作某一个功能图标时可能会触发其他功能的场景，比如在运动App中，用户点击开始功能图标后会同时出现暂停功能操作图标和结束功能操作图标。

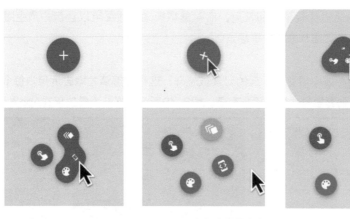

图5-51 融合效果的应用

5.2.2 实战——制作界面功能展开动效

为了节省界面空间，有时会将一组功能操作图标隐藏。用户使用时只需要点击界面中的某个图标，App即以交互动效的形式将隐藏的功能操作图标显示出来。这样既节省了界面空间，同时又突出了界面动态效果的表现。

＊ 动效分析

本实战制作界面功能展开动效。默认情况下，相关的功能图标为隐藏状态，当用户点击界面底部的主功能图标之后，隐藏的功能图标将以动画的形式逐渐显示，并且显示的过程中伴随着图标的旋转和运动模糊，从而使界面的交互表现效果更加突出。

＊ 设计步骤

> **实 战**
>
> **制作界面功能展开动效**
> 源文件：源文件\第5章\5-2-2.aep　　　视频：视频\第5章\5-2-2.mp4

01. 前面已经在Photoshop中设计了一个界面，该界面底部包含功能图标的展开效果，可以对该界面的图层进行整理，以便在After Effects中制作界面功能展开动效，如图5-52所示。打开After Effects，执行"文件>导入>文件"命令，在弹出的"导入文件"对话框中选择需要导入的素材文件"源文件\第5章\素材\52201.psd"，如图5-53所示。

图5-52 界面的图层

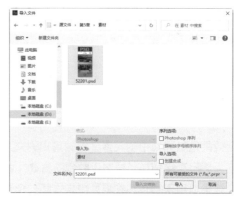

图5-53 选择需要导入的素材文件

02. 单击"导入"按钮，在弹出的对话框中对相关选项进行设置，如图5-54所示。单击"确定"按钮，导入素材文件并自动创建合成，如图5-55所示。

图5-54 设置导入选项　　　　　　　图5-55 导入素材文件并自动创建合成

03. 在"项目"面板中的"52201"合成上单击鼠标右键，在弹出的菜单中执行"合成设置"命令，弹出"合成设置"对话框，设置"持续时间"为3秒，如图5-56所示。单击"确定"按钮，确认"合成设置"对话框中的设置，双击"图标展开"合成，在"合成"窗口中可以看到该合成的效果，如图5-57所示。

04. 将"背景"图层锁定，选择"主功能图标"图层，按【T】键，显示该图层的"不透明度"属性，将"时间指示器"移至0秒05帧的位置，为"不透明度"属性添加关键帧，如图5-58所示。将"时间指示器"移至0秒16帧的位置，设置"不透明度"属性值为0%，如图5-59所示。

图5-56 "合成设置"对话框　　　　　　　图5-57 "合成"效果

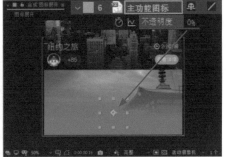

图5-58 为"不透明度"属性添加关键帧（1）　　　图5-59 设置"不透明度"属性值（1）

05. 显示"关闭图标"图层并选择该图层，按【T】键，显示该图层的"不透明度"属性，确认"时间指示器"位于0秒16帧的位置，为"不透明度"属性添加关键帧，如图5-60所示。将"时间指示器"移至0秒05帧的位置，设置"不透明度"属性值为0%，如图5-61所示。

图5-60 为"不透明度"属性添加关键帧（2）   图5-61 设置"不透明度"属性值（2）

06. 选择"底部蓝色背景"图层，显示该图层，按【T】键，显示该图层的"不透明度"属性，为该属性添加关键帧，并设置其值为0%，如图5-62所示。将"时间指示器"移至0秒16帧的位置，设置"不透明度"属性值为80%，如图5-63所示。

图5-62 为"不透明度"属性添加关键帧并设置属性值   图5-63 设置"不透明度"属性值（3）

07. 显示"首页图标"图层并选择该图层，将"时间指示器"移至0秒16帧的位置，分别为"位置"和"旋转"属性添加关键帧，按【U】键，只显示添加了关键帧的属性，如图5-64所示。将"时间指示器"移至1秒的位置，单击"位置"属性前的"添加或删除关键帧"按钮，在当前位置添加该属性关键帧，设置"旋转"属性值为1x+0.0°，如图5-65所示。

图5-64 为"位置"和"旋转"属性添加关键帧   图5-65 添加关键帧并设置"旋转"属性值

08. 将"时间指示器"移至0秒16帧的位置，在"合成"窗口中调整该图标与"关闭图标"重叠，如图5-66所示。将"时间指示器"移至0秒22帧的位置，在"合成"窗口中将该图标向左上角拖曳，调整其位置，如图5-67所示。

图5-66 调整图标的位置（1）   图5-67 调整图标的位置（2）

09. 将"时间指示器"移至0秒16帧的位置，按【T】键，显示"不透明度"属性，为该属性添加关键帧并设置其值为0%，效果如图5-68所示。将"时间指示器"移至0秒19帧的位置，设置"不透明度"属性值为100%，如图5-69所示。

图5-68 为"不透明度"属性添加关键帧并设置属性值后的效果　图5-69 设置"不透明度"属性值（4）

10. 选中该图层中的所有属性关键帧，按【F9】键，为其应用"缓动"效果，完成该图层中图标展开动效的制作，"时间轴"面板如图5-70所示。

提　示

　　0秒16帧为该图标动画的起始位置，1秒为该图标动画的终止位置，在0秒22帧的位置将该图标向其运动的方向适当地延伸以制作出一个向外延伸并回弹的动画效果。

图5-70 "时间轴"面板（1）

11. 根据制作"首页图标"图层的方法，完成其他3个图标动画的制作，每个图标动画的起始间隔为3帧，使图标展开具有次序感，"合成"窗口如图5-71所示，"时间轴"面板如图5-72所示。

图5-71 "合成"窗口　　　　　　　　图5-72 "时间轴"面板（2）

12. 接下来制作收回各图标的动画效果，选择"首页图标"图层，将"时间指示器"移至2秒的位置，分别为"位置""旋转""不透明度"属性添加关键帧，如图5-73所示。

图5-73　为属性添加关键帧（1）

13. 将"时间指示器"移至2秒10帧的位置，设置"旋转"属性值为0X+0.0°，"不透明度"属性值为0%，在"合成"窗口中调整该图标与"关闭图标"相重叠，如图5-74所示，"时间轴"面板如图5-75所示。

图5-74　移动图标

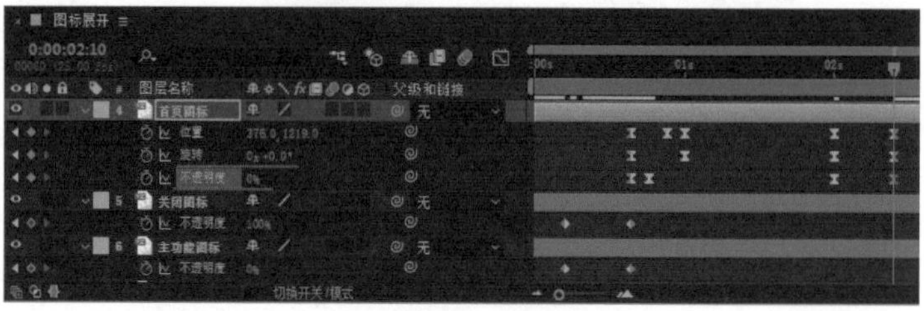

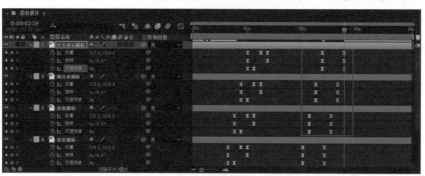

图5-75　"时间轴"面板（3）

14. 使用相同的方法，完成其他3个图标收回动画效果的制作，"时间轴"面板如图5-76所示。

图5-76　"时间轴"面板（4）

15. 选择"底部蓝色背景"图层，按【U】键，仅显示该图层添加了关键帧的属性，将"时间指示器"移至2秒18帧的位置，为"不透明度"属性添加关键帧，如图5-77所示。将"时间指示器"移至3秒04帧的位置，设置"不透明度"属性值为0%，如图5-78所示。

图5-77　为属性添加关键帧（2）

图5-78　设置"不透明度"属性值（5）

16. 将"时间指示器"移至2秒18帧的位置，分别为"关闭图标"和"主功能图标"图层的"不透明度"属性添加关键帧，如图5-79所示。将"时间指示器"移至3秒04帧的位置，设置"关闭图标"的"不透明度"属性值为0%、"主功能图标"图层的"不透明度"属性值为100%，如图5-80所示。

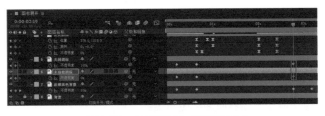

图5-79　为属性添加关键帧（3）

图5-80　设置"不透明度"属性值（6）

17. 在"时间轴"面板中为4个展开的图标所在的图层开启"运动模糊"功能，展开各图层所设置的关键帧，"时间轴"面板如图5-81所示。

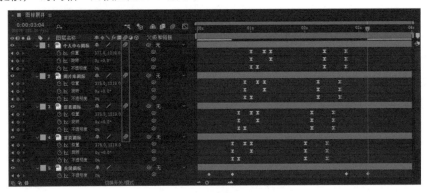

图5-81　"时间轴"面板（5）

提示

当开启图层的"运动模糊"功能后，该图层中对象的位移动画会自动模拟出运动模糊的效果。

18. 完成图标展开动效的制作，单击"预览"面板上的"播放/停止"按钮▶，可以在"合成"窗口中预览动画效果，如图5-82所示。也可以将该动画渲染输出为视频文件，再使用Photoshop将其输出为GIF格式的动画。

图5-82　预览图标的展开动效

5.3
界面转场交互动效

界面转场交互动效是App界面中应用最多的动态效果，界面转场交互动效虽然通常只有零点几秒的显示时间，却能在一定程度上影响用户对界面之间逻辑的认知。合理的界面转场交互动效能让用户清楚自己从哪里来、现在在哪、怎么回去等一系列问题。

5.3.1　界面转场交互动效的常见形式

当用户初次接触产品时，恰当的动画效果能使产品界面间的逻辑关系与用户自身建立起来的认知模型相吻合，也能使产品的反馈符合用户的心理预期。本小节将介绍App界面中界面转场交互动效的常见形式。

1. 弹出

弹出形式的动效多用于App的信息内容界面。用户会将绝大部分注意力集中在内容信息本身，但信息不足或者展现形式不符合自身要求，可临时调用工具对该界面内容进行添加、编辑等操作。用户在临时界面停留的时间很短暂，只会想快速操作后重新回到信息内容本身。图5-83所示为弹出形式的转场交互动效演示。

用户在该信息内容界面中需要临时调用相应的工具或内容时，仅需点击该界面右上角的加号按钮，相应的界面就会以从底部弹出的形式出现。

图5-83　弹出形式的转场交互动效演示

图5-84所示为某App中的弹出转场交互动效设计。

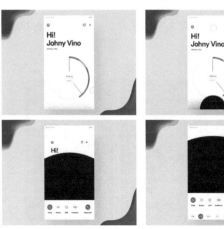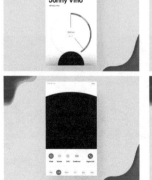

当用户点击界面左上角的功能图标后，界面底部一个半透明的黑色圆形会逐渐放大直至覆盖整个界面，将当前界面压暗；与此同时，界面底部会通过弹出的方式显示多个功能图标操作选项，整个界面的切换过程流畅而自然。

图5-84　某App中的弹出转场交互动效设计

移动 UI 交互设计与动效制作（微课版）

还有一种弹出形式的动效类似于侧边导航菜单，这种动画效果并不完全属于界面间的转场切换，但使用场景很相似。

当界面中的功能比较多的时候，就需要设计多个功能操作选项或按钮。但是界面空间有限，不可能将这些选项和按钮全部显示在界面中。这时通常的做法是通过界面中某个按钮来触发一系列的功能按钮或者一系列的次要内容导航，同时主要的信息内容界面不会离开用户视线，始终提醒用户来到该界面的初衷。侧边弹出形式的动效演示如图5-85所示。

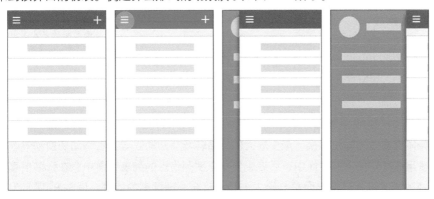

App 的主要功能集中在一个界面中，侧面弹出仅调出其他界面的导航入口，这些次要界面都属于临时调出。

图5-85　侧边弹出形式的动效演示

图5-86所示为侧边弹出菜单的交互动效设计。

用户在 App 界面中进行操作时，常常需要在各功能界面之间跳转。为了扩大界面的空间，通常会将相应的功能操作选项放置在侧边隐藏的导航菜单中，在需要使用的时候，点击界面中相应的按钮，导航菜单即可从侧边弹出。

图5-86　侧边弹出菜单的交互动效设计

2. 侧滑

当界面之间存在父子关系或从属关系时，通常会在界面之间使用测滑转场动画效果。通常看到侧滑式的界面切换效果，用户就会在头脑中为不同的界面分级。图5-87所示为侧滑形式的界面转场交互动效演示。

每条信息的详情界面都属于信息列表界面的子界面，所以它们之间的转场切换通常都会采用侧滑式的转场动画效果。

图5-87　侧滑形式的界面转场交互动效演示

图5-88所示为一个信息内容列表的侧滑转场交互动效。

图5-88 一个信息内容列表的侧滑转场交互动效

在该App的聊天记录信息列表界面中，用户点击列表中任意一个用户记录，当前界面会整体向左滑出，而用户所需要切换到的目标界面则从右侧向左侧滑入，这样的侧滑转场动效使得界面之间的层次关系更加清晰，过渡更平滑。

3. 渐变放大

当界面中排列了很多同等级信息时，如贴满了照片的墙面，用户就需要近距离查看上面的内容，在快速浏览和具体查看之间轻松切换。渐变放大的界面转场交互动效与左右滑动切换动效最大的区别是，前者大多用在张贴信息的界面中，后者主要用于罗列信息的列表界面中。在张贴信息的界面中通过左右切换的方式进入详情界面总会给人一种不符合心理预期的感觉。图5-89所示为渐变放大的界面转场交互动效演示。

图5-89 渐变放大的界面转场交互动效演示

图5-90所示为某在线订票App的界面转场交互动效。

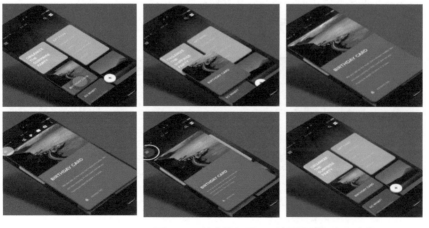

该App界面中的信息是通过不同颜色的卡片进行显示的，当用户在界面中点击某个信息卡片时，当前位置会逐渐放大并过渡到相应的信息详情界面，点击信息详情界面左上角的"返回"图标，该信息详情界面会逐渐缩小并返回到上一级界面的信息卡片位置，从而使界面与界面之间保持操作的连续性和界面转场的关联性。

图5-90 某在线订票App的界面转场交互动效

4. 其他

除了以上介绍的几种常见的界面转场交互动效之外，还有许多其他形式的界面转场交互动效，它们大多数是高度模仿现实世界的样式，如常见的电子书翻页动画效果就是模仿现实世界中的翻书效果。

图5-91所示为富有三维空间感的界面转场交互动效。

在该App界面的动效设计中，当用户在界面中进行左右滑动时，不同产品界面之间的转场过渡会通过三维翻转的方式进行表现。点击界面中的产品图片进入产品预览模式，此时在界面中进行左右滑动操作，可以对产品进行360°立体预览，整个界面转场交互动效表现出很强的三维空间感。

图5-91 富有三维空间感的界面转场交互动效

5.3.2 界面转场交互动效的设计要求

界面转场交互动效在App中所起到的作用无疑是显著的。相比于静态的界面转场，动态的界面转场更符合人们的预期认知。屏幕上元素的变化过程、前后界面的变化逻辑，以及层次结构之间的变化关系，都在动画效果的表现下显得更加清晰自然。从这个角度来说，交互动效不仅是界面的重要元素，也是用户交互的基础。

1. 界面转场要自然

在现实生活中，事物不会突然出现或者突然消失，通常都会有一个转变的过程。而在App界面中，默认情况下，界面状态的改变是直接且生硬的，这使得用户有时候很难立刻理解或接受。当界面有两个甚至更多状态的时候，状态之间的变化应使用过渡动画效果来表现，让用户明白它们是怎么来的，告诉用户变化并非一个瞬间的过程。

图5-92所示为某App界面的列表转场动效。

在该App界面的列表中，各列表使用不同的颜色进行区分，视觉表现效果非常清晰。当用户在界面中点击某个列表项时，其他列表项会逐渐向下运动并隐藏消失，当前列表项会发生变形并逐渐显示该列表项的详细信息，整个界面中的转场动效非常自然、流畅，特别便于用户的操作和理解。

图5-92 某App界面的列表转场动效

2. 层次要分明

一个层次分明的界面转场交互动效通常能够清晰地展示界面状态的变化，抓住用户的注意力。良好的过渡动画效果有助于在正确的时间点将用户的注意力吸引到关键的内容上，而这取决于动画效果能否在正确的时间强调正确的内容。

图5-93所示为某音乐App播放界面的转场交互动效。

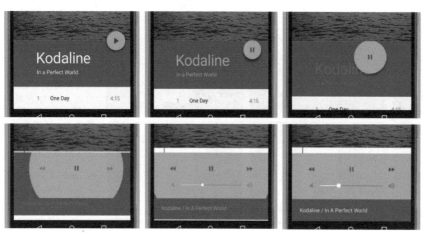

在该音乐App的播放界面中，播放按钮默认为悬浮状态，当用户点击播放按钮时，该按钮会变为暂停按钮，并且当前界面会通过位置和形状的变化过渡到音乐播放控制界面，层次清晰、明确。用户在动效发生之前，并不清楚动效变化的结果，但是动画的运动趋势和变化趋势让用户对后续的发展有所预期，其最后产生的结果也不会距离用户的预期太远。

图5-93　某音乐App播放界面的转场交互动效

3. 界面转场要相互关联

既然涉及在同一个应用的不同功能界面添加转场过渡，自然就牵涉到变化前后界面之间的关联。良好的过渡动效连接着新出现的界面元素和之前的交互与触发元素，这种关联逻辑让用户清楚界面的变化过程，以及界面中所发生的前后变化。

图5-94所示为某金融类App界面的转场交互动效。

这是一个金融类App界面的转场交互动效，当用户点击界面中的按钮时，所点击的位置会出现一个紫色的圆形，该圆形随后逐渐放大直至覆盖整个界面，从而自然、流畅地过渡到相应的界面，很好地体现了界面之间的关联性。

图5-94　某金融类App界面的转场交互动效

4. 过渡要快速

在设计界面过渡动效的时候，时间和速度一定是设计师最需要把握好的因素。快速准确、绝不拖沓，这样的动效才不会浪费用户的时间，才不会让用户觉得移动应用产生了延迟，也就不会觉得烦躁。

当元素在不同状态之间切换的时候，切换过程应在让人看得清、容易理解的情况下尽量快。为了兼顾动效的效率与用户体验，动效应该在用户进行交互操作之后的0.1秒内开始、在300毫秒内结束，这样的动效持续时间才恰到好处。

图5-95所示为某运动鞋电商App界面的转场交互动效。

在该运动鞋电商 App 界面中，用户可以左右滑动界面来快速地切换界面中所显示的商品，实现对商品的快速浏览。当用户点击界面中的商品图片时，当前界面中的商品图片会逐渐缩小，该商品相关的详情内容会从界面底部逐渐显示，界面之间的转场过渡快速而清晰，用户几乎感觉不到动效的存在。

图5-95　某运动鞋电商App界面的转场交互动效

5. 动画效果要清晰

清晰几乎是所有好设计都具备的特点，对于界面转场交互动效来说也是如此。移动端的动画效果应以功能优先、以视觉传达为核心，太过复杂的动画效果除了有炫技之嫌，还会让人难以理解，甚至让人在操作过程中失去方向感。这对于用户体验来说绝对是一个退步，而非优化。请务必记住，屏幕上的每一个变化用户都会注意到，它们都会成为影响用户体验和用户决策的因素，而且不必要的动效会让用户感到混乱。

动效应该避免一次呈现过多效果，尤其是当效果同时存在多重、复杂的变化的时候，少即是多的原则对动效同样是适用的。如果某个动效的简化能够让整个UI更加清晰直观，那么这一定是个很好的修改方案。当动效中同时包含形状、大小和位移变化的时候，请务必保持路径的清晰以及变化的直观性。

图5-96所示为某健身运动App界面的转场交互动效。

在该健身运动 App 界面中，不同的运动方式通过不同的选项卡表现，用户在界面中左右滑动可以切换相应的运动方式选项卡，点击某个选项卡下方的按钮，相应的界面会从右侧滑入，从而平滑地过渡到相应的界面。该App界面的转场过渡动效非常清晰、自然，并且界面之间具有很好的关联性。

图5-96　某健身运动App界面的转场交互动效

5.3.3 实战——制作登录转场交互动效

很多App都会设置登录界面，登录界面主要用于验证用户的身份。本小节将完成一个登录转场动效的制作，该动效属于演示动效，用于演示用户登录以及登录成功跳转到主界面的整体表现效果。

* 动效分析

在登录界面中，用户主要对登录表单元素进行操作，因此可以为表单元素添加一些细节。这些细节可以是当用户在某个文本框中点击时，该文本框中的提示文字消失，并且边框不透明度增大；当用户点击"登录"按钮时，按钮会有一个先缩小再放大的反馈，按钮上的"登录"文字变换为一个旋转的图标；登录成功后跳转到主界面，为主界面中的内容制作依次入场的动效，使界面操作与转场更加流畅、自然。

* 设计步骤

实战

制作登录转场交互动效
源文件：源文件\第5章\5-3-3.aep　　　视频：视频\第5章\5-3-3.mp4

01. 前面已经在Photoshop中设计了一个登录界面，可以对该界面的图层进行整理，以便在After Effects中制作登录转场交互动效，如图5-97所示。打开After Effects，执行"文件>导入>文件"命令，在弹出的"导入文件"对话框中选择需要导入的素材文件"源文件\第5章\素材\53301.psd"，如图5-98所示。

图5-97　登录界面的图层

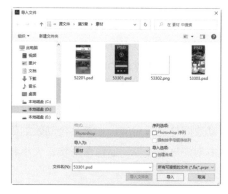

图5-98　选择需要导入的素材文件

02. 单击"导入"按钮，在弹出的对话框中对相关选项进行设置，如图5-99所示。单击"确定"按钮，导入素材文件并自动创建合成，如图5-100所示。

图5-99　设置导入选项（1）

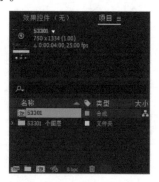

图5-100　导入素材文件并自动创建合成

03. 在"项目"面板中的"53301"合成上单击鼠标右键，在弹出的菜单中执行"合成设置"命令，弹出"合成设置"对话框，设置"持续时间"为8秒，如图5-101所示。单击"确定"按钮，确认"合成设置"对话框中的设置，双击"登录界面"合成，在"合成"窗口中可以看到该合成的效果，如图5-102所示。

图5-101 "合成设置"对话框 图5-102 "合成"效果

04. 在"时间轴"面板中将不需要制作动画的图层锁定。选择"线条1"图层，将"时间指示器"移至0秒05帧的位置，按【T】键，显示该图层的"不透明度"属性，设置其属性值为50%并插入关键帧，如图5-103所示。将"时间指示器"移至0秒10帧的位置，设置"不透明度"属性值为100%，效果如图5-104所示。

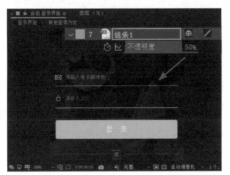

图5-103 设置"不透明度"属性值并插入关键帧（1） 图5-104 设置"不透明度"属性值的效果（1）

05. 将"时间指示器"移至0秒05帧的位置，选择"请输入电子邮件地址"图层，按【T】键，显示该图层的"不透明度"属性，插入关键帧，如图5-105所示。将"时间指示器"移至0秒10帧的位置，设置"不透明度"属性值为0%，效果如图5-106所示。

图5-105 插入"不透明度"属性关键帧（1） 图5-106 设置"不透明度"属性值的效果（2）

06. 选择"横排文字工具"，在"合成"窗口中单击并输入文字，并将所输入的文字与表单元素中的文字完全对齐，如图5-107所示。将该文字图层调整至"请输入电子邮件地址"图层的上方，将"时间指示器"移至0秒10帧的位置，展开该图层下方的"文本"选项，为"源文本"属性插入关键帧，如图5-108所示。

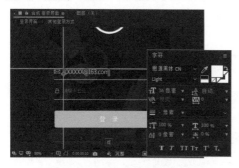

图5-107　输入并对齐文字（1）

图5-108　插入"源文本"属性关键帧（1）

07. 将"时间指示器"移至0秒13帧的位置，插入"源文本"属性关键帧，在"合成"窗口中只保留第一个字母，如图5-109所示。将"时间指示器"移至0秒16帧的位置，插入"源文件"属性关键帧，在"合成"窗口中只保留前两个字母，如图5-110所示。

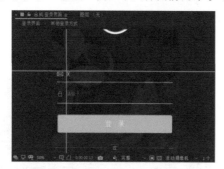

图5-109　在"合成"窗口中保留第一个字母

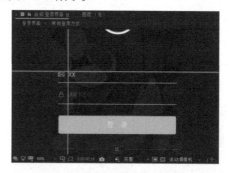

图5-110　在"合成"窗口中保留前两个字母

08. 使用相同的方法，每隔3帧插入一个"源文本"属性关键帧，并逐渐显示出字母，"时间轴"面板如图5-111所示。选择0秒10帧位置的关键帧，在"合成"窗口中将该关键帧上的所有文字全部删除，并将该图层重命名为"账号"，如图5-112所示。

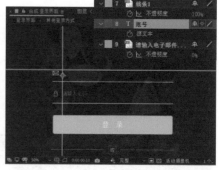

图5-111　"时间轴"面板（1）

图5-112　删除所有文字并重命名图层

09. 将"时间指示器"移至2秒08帧的位置，选择"线条1"图层，为"不透明度"属性添加关键帧，如图5-113所示。将"时间指示器"移至2秒13帧的位置，设置"不透明度"属性值为50%，效果如图5-114所示。

10. 将"时间指示器"移至2秒13帧的位置，选择"线条2"图层，按【T】键，显示该图层的"不透明度"属性，设置属性值为50%并插入关键帧，如图5-115所示。将"时间指示器"移至2秒

18帧的位置，设置"不透明度"属性值为100％，效果如图5-116所示。

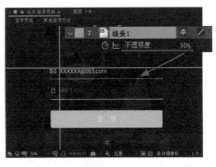

图 5-113 为"不透明度"添加属性关键帧　　　图 5-114 设置"不透明度"属性值的效果（3）

图 5-115 设置"不透明度"属性值并插入关键帧（2）　图 5-116 设置"不透明度"属性值的效果（4）

11. 选择"请输入密码"图层，根据"请输入电子邮件地址"图层的制作方法，制作出该图层"不透明度"属性变化的动画，"时间轴"面板如图5-117所示。

图5-117 "时间轴"面板（2）

12. 选择"横排文字工具"，在"合成"窗口中单击并输入文字，并将所输入的文字与密码框中的文字完全对齐，如图5-118所示。将该文字图层调整至"请输入密码"文字图层的上方，将"时间指示器"移至2秒18帧的位置，展开该图层下方的"文本"选项，为"源文本"属性插入关键帧，如图5-119所示。

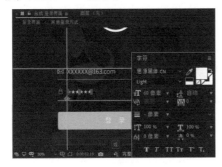

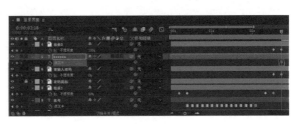

图5-118 输入并对齐文字（2）　　　　　　图5-119 插入"源文本"属性关键帧（2）

13. 将该文字图层重命名为"密码"，根据"账号"图层的制作方法，完成该图层中文字逐个显示动画的制作，"时间轴"面板如图5-120所示。

图5-120 "时间轴"面板（3）

14. 将"时间指示器"移至3秒17帧的位置，选择"线条2"图层，为"不透明度"属性插入关键帧，如图5-121所示。将"时间指示器"移至3秒22帧的位置，设置"不透明度"属性值为50%，效果如图5-122所示。

图5-121 插入"不透明度"属性关键帧（2）

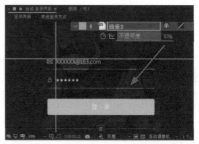

图5-122 设置"不透明度"属性值的效果（5）

15. 将"时间指示器"移至4秒的位置，选择"按钮背景"图层，按【S】键，显示该图层"缩放"属性，插入属性关键帧，如图5-123所示。将"时间指示器"移至4秒02帧的位置，设置"缩放"属性值为90%，效果如图5-124所示。

图5-123 插入"缩放"属性关键帧

图5-124 设置"缩放"属性值的效果（1）

16. 将"时间指示器"移至4秒04帧的位置，设置"缩放"属性值为100%，效果如图5-125所示。将"时间指示器"移至4秒04帧的位置，选择"登录"图层，按【T】键，显示该图层"不透明度"属性，插入属性关键帧，如图5-126所示。

图5-125 设置"缩放"属性值的效果（2）

图5-126 插入"不透明度"属性关键帧（3）

17. 将"时间指示器"移至4秒09帧的位置，设置"不透明度"属性值为0%，效果如图5-127所示。导入素材文件"源文件\第5章\素材\53302.png"，将其拖入"合成"窗口中，调整大小和位置，将图层重命名为"圆"，如图5-128所示。

图5-127 设置"不透明度"属性值的效果（6）　　　　**图5-128 导入素材文件并重命名图层**

18. 将"时间指示器"移至4秒04帧的位置，按【T】键，显示该图层的"不透明度"属性，设置属性值为0%并插入关键帧，如图5-129所示。将"时间指示器"移至4秒09帧的位置，设置"不透明度"属性值为100%，效果如图5-130所示。

图5-129 设置"不透明度"属性值并插入关键帧（3）　　**图5-130 设置"不透明度"属性值的效果（7）**

19. 按【R】键，显示该图层的"旋转"属性，在4秒09帧的位置，为"旋转"属性插入关键帧，如图5-131所示。将"时间指示器"移至5秒的位置，设置"旋转"属性值为4x+0.0°，如图5-132所示。

图5-131 为"旋转"属性插入关键帧

图5-132 设置"旋转"属性值

20. 执行"文件>导入>文件"命令，导入素材文件"源文件\第5章\素材\53303.psd"，弹出设置对话框，设置如图5-133所示。单击"确定"按钮，导入素材文件并自动创建合成，将该合成重命名为"首界面"，如图5-134所示。

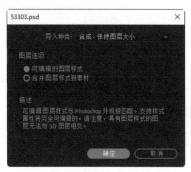 

图5-133　设置导入选项（2）　　　　图5-134　重命名自动创建的合成

21. 将"首界面"合成拖入"时间轴"面板中，并调整该图层的入点到5秒的位置，如图5-135所示。在"时间轴"面板中双击"首界面"图层，进入该合成的编辑状态，如图5-136所示。

图5-135　拖入"首界面"合成并设置其入点位置　　　　图5-136　进入"首界面"合成的编辑状态

22. 选择"状态栏"图层，按【P】键，显示该图层的"位置"属性，将"时间指示器"移至5秒10帧的位置，插入"位置"属性关键帧，如图5-137所示。将"时间指示器"移至5秒05帧的位置，在"合成"窗口中将该图层内容向上移至合适的位置，如图5-138所示。

图5-137　插入"位置"属性关键帧（1）　　　　图5-138　向上移动图层内容

23. 选择"标题栏"图层，将"时间指示器"移至5秒10帧的位置，按【T】键，显示该图层的"不透明度"属性，插入关键帧，如图5-139所示。将"时间指示器"移至5秒05帧的位置，设置"不透明度"属性值为0%，效果如图5-140所示。

24. 选择"菜单1"图层，将"时间指示器"移至5秒22帧的位置，按【P】键，显示该图层的"位置"属性，插入属性关键帧，如图5-141所示。将"时间指示器"移至5秒10帧的位置，在"合成"窗口中将该图层内容竖直向下移至合适的位置，如图5-142所示。

图 5-139 插入"不透明度"属性关键帧（4）

图 5-140 设置"不透明度"属性值的效果（8）

图5-141 插入"位置"属性关键帧（2）

图5-142 向下移动图层内容

25. 同时选中该图层的两个属性关键帧，按【F9】键，为关键帧应用"缓动"效果，如图5-143所示。单击"时间轴"面板上的"图表编辑器"按钮，进入图表编辑状态，调整运动速度曲线，使该元素的入场动画表现为先快后慢，如图5-144所示。

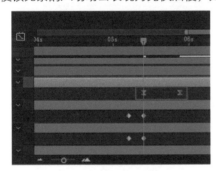

图5-143 应用"缓动"效果

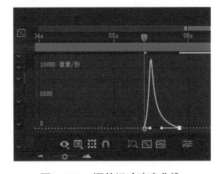

图5-144 调整运动速度曲线

26. 单击"图表编辑器"按钮，返回到默认状态。使用相同的方法，完成"菜单2""菜单3""菜单4"这3个图层中动画效果的制作，"合成"窗口如图5-145所示，"时间轴"面板如图5-146所示。

图5-145 "合成"窗口（2）

图5-146 "时间轴"面板（4）

27. 返回到"登录界面"合成的编辑状态，完成该登录转场交互动效的制作，单击"预览"面板上的"播放/停止"按钮▶，可以在"合成"窗口中预览动画效果，如图5-147所示。也可以将该动画渲染输出为视频文件，再使用Photoshop将其输出为GIF格式的动画。

图5-147　预览登录转场交互动效

5.4
界面交互动效的设计规范

如今，UI交互动效设计已经具备丰富的特性，炫酷灵活的特效已经是界面设计中不可分割的一部分。

5.4.1 界面交互动效的设计要点

UI交互动效作为一个新兴的设计领域分支，如同其他的设计一样，它也是有规律可循的。在开始动手设计和制作各种交互动效之前，不妨了解一下界面交互动效的设计要点。

1. 富有个性

这是界面交互动效设计最基本的要求，动效设计就是要摆脱传统应用的静态设定，设计出独特的、引人入胜的效果。

在确保界面风格一致的前提下表达出App的鲜明个性，是界面交互动效设计的目的。同时，还应该令动效的细节符合那些约定俗成的交互规则，这样动效才具备"可预期性"。如此一来，界面交互动效设计便有助于强化用户的交互经验，保持移动应用的用户黏度。

图5-148所示为某App界面中个性化的交互动效设计。

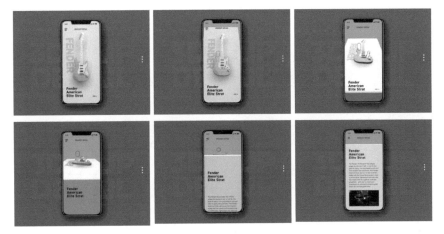

在该App界面中，当用户从下向上滑动时，当前界面会在三维方向进行旋转，从而转场过渡到相应的界面，界面中的信息内容也会从下至上逐渐显示。该界面的交互设计使界面表现出强烈的三维空间感，个性的交互动效表现方式给人留下深刻印象。

图5-148　某App界面中个性化的交互动效设计

2. 为用户提供操作导向

　　界面中的交互动效应该令用户轻松愉悦。设计师需要将屏幕视作一个物理空间，将UI元素看作物理实体，它们能在这个物理空间中任意移动、完全展开或者聚焦为一点。动效应该随交互操作而自然变化，不论是在操作发生前、过程中还是完成后，都应为用户提供引导。也就是说，动效应该如同导游一样，为用户指引方向，防止用户感到无聊，减少额外的图形化说明。

　　图5-149所示为某App界面中的工具弹出交互动效设计。

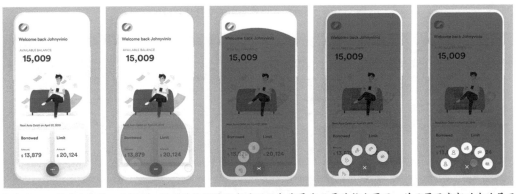

点击该App界面底部的工具图标，则当前位置展开半透明黑色背景直至覆盖整个界面，并且界面底部动态地展开一系列功能操作图标。界面背景变暗和一系列图标元素惯性弹出结合的动画效果能有效地创造出界面的视觉焦点，使用户的注意力被吸引到弹出的功能操作图标上，从而引导用户进行操作。

图5-149　某App界面中的工具弹出交互动效设计

3. 为内容赋予动态背景

　　交互动效应该为内容赋予动态背景，以表现内容的物理状态和所处环境。在摆脱模拟物品细节和纹理的设计束缚之后，界面设计可以自由地表现与环境设定相矛盾的动态效果。为对象添加拉伸或者形变效果，或者为列表添加俏皮的惯性滚动效果都不失为提升界面用户体验的有效手段。

　　图5-150所示为某天气App界面中的交互动效设计。

4. 引起用户共鸣

　　界面中的动效应该能引起用户的共鸣。交互动效的作用是与用户互动，并使用户产生共鸣，而非令用户感到困惑甚至意外。界面动效和用户操作之间的关系应该是互补的，两者应协力促成交互完成。

　　图5-151所示为某在线订票App界面的交互动效设计。

该天气 App 界面会根据当前的天气情况在背景中显示不同的动效，并且其界面的背景颜色在白天与晚上也会发生改变。根据环境和时间的变化为界面赋予不同的动态背景，界面的表现更加生动，信息的表现更加形象，也更容易吸引用户的关注。

图5-150 某天气App界面中的交互动效设计

在该 App 界面中，当用户选择某个电影的某个场次后，界面内容向右移出场景，与此同时界面顶部的影视图片变形为银幕形状，随后界面自然切换到选座界面中；待用户选好座位并点击底部的操作按钮后，界面则自然切换到确认订票信息界面以及支付界面。整体操作非常流畅，合理的动效使界面转场表现非常完美。

图5-151 某在线订票App界面的交互动效设计

5. 提升用户情感体验

出色的界面交互动效是能够唤起用户积极的情绪反应的，平滑流畅的滚动能带来舒适感，而有效的动作执行往往能带来愉悦感。

图5-152所示为某美食类App界面的交互动效设计。

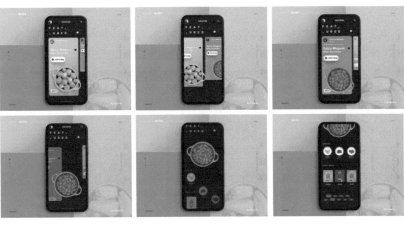

该美食类 App 界面使用不同颜色的选项卡对不同的美食产品进行突出表现，用户在界面中左右滑动可以切换不同的美食选项卡，当用户点击某个美食选项卡中的美食图片后，该美食选项卡的背景会逐渐向左移动并消失，美食图片向上移动；与此同时，界面中的其他信息内容和图片会从界面下方逐渐向上运动并显示。界面之间平滑的转场过渡动效给用户带来流畅感，有效提升了用户体验。

图5-152　某美食类App界面的交互动效设计

提示

　　界面中的动效是用来吸引用户的关注、引导用户进行操作的，不要生硬地在界面中添加动效。在UI中滥用动效会让用户分心，过度表现和过多的转场动效会令用户烦躁，所以设计时需要把握好动效在UI中的运用尺度。

5.4.2　通过交互动效设计提升用户体验

　　用户体验强调"以人为本"。在App中应该使用日常用语，让App成为用户的"好朋友"。在界面中加入恰当的交互动效，以进行操作反馈和状态显示，这样无论逻辑有多么复杂，都能够使界面更加亲切。

1. 显示系统状态

　　当用户在界面中进行操作时，他们总是希望能够马上获得回复。因此系统应该及时让用户知晓当前发生了什么。例如，在界面中显示图形反映完成百分比，或者播放声音让用户了解当前发生的事情。

　　这个原则也适用于文件传输的场景，为了避免用户在等待过程中觉得无聊，需要为用户提供文件传输的进度，即使是不太令人愉快的通知，如传输失败，也应该以令人喜爱的方式展现。

　　图5-153所示为加载过程的动效设计。

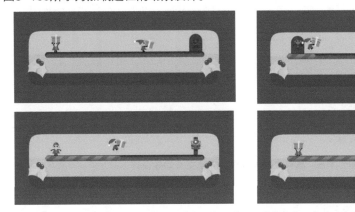

　　这是一个加载过程的动效设计，该加载框除了使用传统的矩形进度条表示当前的加载进度之外，还设计了圣诞卡小人在进度条的上方不停搬运礼物盒，该加载动效除了能直观地显示当前系统状态，也能使用户在等待过程中更加愉悦。

图5-153　加载过程的动效设计

2. 突出显示变化

图标状态的切换是界面中常见的表示状态变化的方式，采用动效的形式来表现按钮状态的变化，能够有效吸引用户的注意力，使用户不至于忽略界面中重要的信息。例如最常见的"播放"按钮状态的变化，用户点击"播放"按钮后会变换为"暂停"按钮，动效的形式更容易吸引用户。

图5-154所示为一个信息删除动效设计。

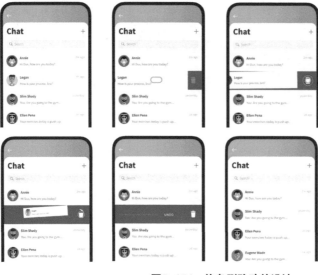

这是一个信息删除动效设计，用户在信息列表界面中向左拖曳某条信息时，该信息的右侧会显示红色的垃圾桶图标，点击该图标，该条列表信息会显示缩小并飞入垃圾桶图标的动画效果，删除成功后会向用户反馈删除成功的提示文字，随后下方的列表内容向上移动，完成信息的删除。整个信息删除操作过程中的动效设计很好地吸引了用户的注意力，并且为用户的操作提供了及时反馈。

图5-154　信息删除动效设计

3. 保持前后关联

由于智能移动设备的屏幕尺寸有限，因此很难在屏幕中展现大量的信息内容，这时就需要为移动应用设计一种处理方式，使其能够在不同的界面之间保持清晰的导航，让用户理解新界面从何而来、与之前的界面有什么关联、如何返回到之前的界面，从而使用户的操作更加得心应手。

图5-155所示为具有良好关联性的界面交互动效设计。

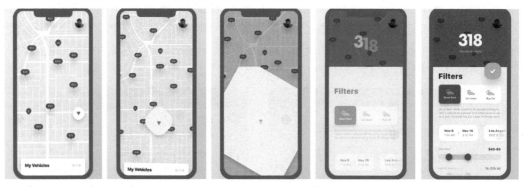

用户在该地图界面中点击悬浮的功能图标后，该功能图标会移至底部中间并逐渐放大，随后当前界面过渡到相应界面，与此同时原先的地图界面的背景变为半透明的黑色背景，整个界面的转场过渡动效非常流畅，并且界面之间具有良好的关联性，使用户更易于理解。

图5-155　具有良好关联性的界面交互动效设计

4. 非标准布局

如果App界面采用了非标准布局，那么就需要在界面中添加交互动效来帮助用户理解如何操作非标准布局，从而打消用户不必要的疑惑。

图5-156所示为非标准布局界面的交互动效设计。

该音乐 App 界面的布局设计比较特别，界面使用不同颜色的圆角背景来显示不同的信息内容，使界面表现出明显的层次感。当用户点击界面左下角的箭头图标时，界面下半部分从左向右滑动并切换显示为当前音乐专辑的相关评论，与此同时界面上半部分的选项卡也会向上运动直至消失，随后界面上半部分显示专辑列表。根据界面的布局特点来设计相应的转场动效，能使界面的转场切换更加流畅、自然。

图5-156　非标准布局界面的交互动效设计

5．展现号召力

App界面中的交互动效设计除了能够帮助用户有效地操作应用程序外，还能够有效地鼓励用户在界面中进行其他操作，如持续浏览、点赞或分享内容等。在设计中只有充分发挥动画的吸引力，才能更有效地吸引用户。

图5-157所示为某电影购票App的界面交互动效设计。

这是一个电影购票 App 界面，当用户在界面中点击影片之后，界面中的色块背景会通过变形自然地过渡到该影片的介绍界面；当用户在介绍界面中点击购票按钮后，界面背景色块会自然过渡到选座界面并显示该界面中的选项；当用户选择座位并点击支付按钮后，背景色块会过渡到电子票根的显示界面。整个操作流程的动效表现自然、流畅，并且能够很好地引导用户一步步完成购票操作。

图5-157　某电影购票App的界面交互动效设计

6．输入动效

在所有应用中，数据输入都是最重要的操作之一。数据输入区域的设计重点是尽可能防止用户输入错误，因此可以在用户输入过程中加入适当的交互动效，使得数据的输入过程不那么枯燥和无趣。

图5-158所示为某App界面的输入动效设计。

在该数据输入界面中，当用户在需要输入数据的位置点击，该部分就会以高亮的背景颜色突出显示，并且界面下方将通过动画的形式显示输入键盘；当用户在键盘上点击时，相应的区域就会以动画的形式进行突出显示，从而有效吸引用户的注意力，使用户专注于信息内容的输入。

图5-158　某App界面的输入动效设计

5.4.3　实战——制作图片翻页交互动效

App界面中的图片切换动效有多种形式，常见的有左滑切换、右滑切换等。本小节将完成一个图片翻页交互动效的制作。该动效模拟真实世界中的翻页效果，能够给用户带来舒适的交互体验。

＊　动效分析

本实战将带领读者完成一个图片翻页交互动效的制作，其重点在于为元素添加"CC Page Turn"效果。

＊　设计步骤

实战

制作图片翻页交互动效
源文件：源文件\第5章\5-4-3.aep　　　　视频：视频\第5章\5-4-3.mp4

01.　前面已经在Adobe XD中设计了一个美食App界面，现在需要在Photoshop中对该界面的图层进行整理，以便在After Effects中制作图片翻页交互动效，如图5-159所示。打开After Effects，执行"文件>导入>文件"命令，在弹出的"导入文件"对话框中选择需要导入的素材文件"源文件\第5章\素材\54301.psd"，如图5-160所示。

图5-159　界面的图层

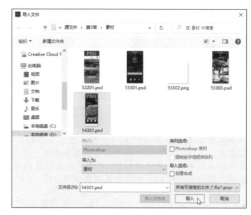

图5-160　选择需要导入的素材文件

02.　单击"导入"按钮，在弹出的对话框中对相关选项进行设置，如图5-161所示。单击"确定"按钮，导入素材文件并自动创建合成，如图5-162所示。

图5-161 设置导入选项　　　　　图5-162 导入素材文件并自动创建合成

03．在"项目"面板中的"54301"合成上单击鼠标右键，在弹出的菜单中执行"合成设置"命令，弹出"合成设置"对话框，设置"持续时间"为5秒，如图5-163所示。单击"确定"按钮，确认"合成设置"对话框中的设置，双击"美食界面"合成，在"合成"窗口中可以看到该合成的效果，如图5-164所示。

图5-163 "合成设置"对话框　　　　　图5-164 "合成"效果

04．在"时间轴"面板中将不需要制作动画的图层锁定。不选择任何对象，选择"椭圆工具"，设置"填充"为白色、"描边"为白色、"描边"宽度为20像素，在"合成"窗口中按住【Shift】键的同时绘制一个圆形，如图5-165所示。将该图层重命名为"光标"，展开该图层下方的"椭圆1"选项，分别设置描边的"不透明度"属性值为20％、填充的"不透明度"属性值为50％，效果如图5-166所示。

图5-165 绘制圆形　　　　　图5-166 设置填充和描边的不透明度属性值的效果

05．选中刚绘制的圆形，选择"向后平移（锚点）工具"，使其中心点位于圆心的位置，并将该图层调整至合适的大小和位置，如图5-167所示。选择"光标"图层，按【S】键，显示该图层的"缩放"属性，为该属性插入关键帧，并设置其属性值为50％，如图5-168所示。

图5-167　调整圆形及图层的大小和位置

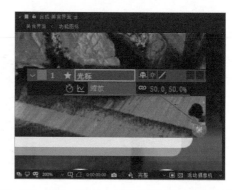
图5-168　插入"缩放"属性关键帧并设置属性值

06. 将"时间指示器"移至0秒14帧的位置，设置"缩放"属性值为100%，效果如图5-169所示。将"时间指示器"移至起始位置，按【P】键，显示"位置"属性，为该属性插入关键帧，如图5-170所示。

图5-169　设置"缩放"属性值的效果

图5-170　插入"位置"属性关键帧

07. 将"时间指示器"移至0秒14帧的位置，在"合成"窗口中将该图层向左下方移动，如图5-171所示。将"时间指示器"移至起始位置，按【T】键，显示"不透明度"属性，为该属性插入关键帧，设置"不透明度"属性值为0%，按【U】键，在该图层下方显示插入关键帧的属性，如图5-172所示。

图5-171　移动图层

图5-172　插入"不透明度"属性关键帧并设置属性值

08. 将"时间指示器"移至0秒03帧的位置，设置"不透明度"属性值为100%，如图5-173所示。将"时间指示器"移至0秒14帧的位置，设置"不透明度"属性值为40%，如图5-174所示。

09. 在"时间轴"面板中拖曳鼠标指针，同时选中该图层中"位置"和"缩放"属性的所有关键帧，如图5-175所示。按【F9】键，为选中的关键帧应用"缓动"效果，如图5-176所示。

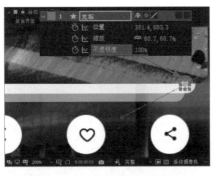

图5-173 设置"不透明度"属性值（1）

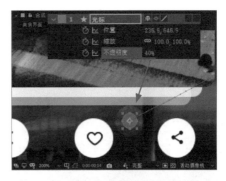

图5-174 设置"不透明度"属性值（2）

图5-175 同时选中多个关键帧 图5-176 为关键帧应用"缓动"效果（1）

10. 选择"图片3"图层，执行"效果>扭曲>CC Page Turn"命令，为该图层应用"CC Page Turn"效果，如图5-177所示。将"时间指示器"移至起始位置，拖曳图片翻页的控制点至起始位置，如图5-178所示。

图5-177 为图层应用"CC Page Turn"效果

图5-178 调整翻页控制点的位置（1）

11. 在"效果控件"面板中设置"Black Page"属性为"无"，单击"Fold Position"属性前的"秒表"按钮，为该属性插入关键帧，如图5-179所示。选择"图层3"图层，按【U】键，其下方显示"Fold Position"属性，如图5-180所示。

图5-179 插入属性关键帧

图5-180 只显示添加了关键帧的属性

12. 将"时间指示器"移至0秒14帧的位置，在"合成"窗口中拖曳图片翻页的控制点至合适位置，如图5-181所示。同时选中该图层的两个属性关键帧，按【F9】键，为选中的关键帧应用"缓动"效果，如图5-182所示。

图5-181 调整翻页控制点的位置（2）

图5-182 为关键帧应用"缓动"效果（2）

13. 将"时间指示器"移至0秒20帧的位置，为"光标"图层和"图片3"图层中的所有属性添加关键帧，如图5-183所示。将"时间指示器"移至1秒10帧的位置，在"时间轴"面板中同时选中多个属性关键帧，按【Ctrl+C】组合键，复制关键帧，如图5-184所示。

图5-183 添加属性关键帧

图5-184 选中并复制多个属性关键帧（1）

14. 按【Ctrl+V】组合键，粘贴关键帧，也可以分别对每个图层中的关键帧进行复制粘贴操作，如图5-185所示。同时选中"光标"图层的"不透明度"属性的最后两个关键帧，将其向左拖曳至适当的位置，如图5-186所示。

图5-185 粘贴多个属性关键帧

图5-186 调整"不透明度"属性关键帧的位置

提示

　　此处复制"光标"图层和"图片3"图层起始位置的属性关键帧，将其粘贴到当前位置，调整"光标"图层的"不透明度"属性关键帧的位置，快速制作出该翻页动画的返回效果。

15. 根据前面制作光标移动的方法，在1秒15帧的位置至2秒04帧位置之间制作出相似的光标向左移动的动画效果，"时间轴"面板如图5-187所示，"合成"窗口如图5-188所示。

16. 将"时间指示器"移至1秒18帧的位置，单击"图片3"图层的"Fold Position"属性前的"添加或移除关键帧"按钮，添加该属性关键帧，如图5-189所示。

图5-187　"时间轴"面板（1）

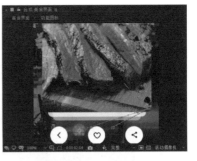

图5-188　"合成"窗口

图5-189　添加"Fold Position"属性关键帧

17．将"时间指示器"移至2秒04帧的位置，在"合成"窗口中拖曳图片翻页的控制点，将其移动到画面之外，如图5-190所示。将"时间指示器"移至1秒18帧的位置，选择"图片2"图层，分别为该图层的"缩放"和"不透明度"属性插入关键帧，如图5-191所示。

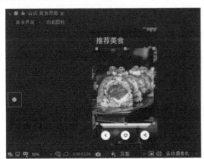

图5-190　调整翻页控制点的位置（3）

图5-191　插入"缩放"和"不透明度"属性关键帧

18．设置"缩放"属性值为80%、"不透明度"属性值为0%，如图5-192所示。将"时间指示器"移至2秒05帧的位置，设置"缩放"属性值为100%、"不透明度"属性值为100%，如图5-193所示。

图5-192　设置"缩放"和"不透明度"属性值（1）

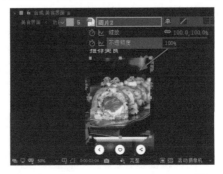

图5-193　设置"缩放"和"不透明度"属性值（2）

19. 拖曳鼠标指针同时选中该图层中"缩放"属性的两个关键帧，按【F9】键，为选中的关键帧应用"缓动"效果，如图5-194所示。

图5-194 为关键帧应用"缓动"效果（3）

20. 接下来制作第2张图片的翻页动画，制作方法与第1张图片的翻页动画相同。同时选中"光标"图层中与光标移动相关的关键帧，按【Ctrl+C】组合键，复制关键帧，如图5-195所示。将"时间指示器"移至2秒14帧的位置，按【Ctrl+V】组合键，粘贴关键帧，如图5-196所示。快速制作出第2张图片翻页的光标动画效果。

图5-195 选中并复制多个属性关键帧（2）

图5-196 粘贴属性关键帧（1）

21. 同时选中"图片3"图层中与翻页动画相关的两个属性关键帧，按【Ctrl+C】组合键，复制关键帧，如图5-197所示。选择"图片2"图层，将"时间指示器"移至2秒17帧的位置，按【Ctrl+V】组合键，粘贴关键帧，如图5-198所示。快速制作出第2张图片的翻页动画效果。

图5-197 复制两个属性关键帧（1）

图5-198　粘贴属性关键帧（2）

> **提 示**
>
> 　　将"图片3"图层中与翻页动画相关的两个属性关键帧复制并粘贴到"图片2"图层中之后，需要选择"图层2"中的"CC Page Turn"效果，在"效果控件"面板中设置"Black Page"属性为"无"。

22．同时选中"图片2"图层中的"缩放"和"不透明度"属性关键帧，按【Ctrl+C】组合键，复制关键帧，如图5-199所示。选择"图片1"图层，确认"时间指示器"位于2秒17帧的位置，按【Ctrl+V】组合键，粘贴关键帧，如图5-200所示。快速制作出第1张图片的缩放动画效果。

图5-199　复制两个属性关键帧（2）

图5-200　粘贴属性关键帧（3）

23．使用复制关键帧的方法，制作出"图片1"图层中图片的翻页动画效果，"时间轴"面板如图5-201所示。

> **提 示**
>
> 　　因为其他两张图片的翻页动效与第1张图片的翻页动效完全相同，所以这里采用了复制关键帧的做法，这样可以快速地制作出其他两张图片的翻页动效。需要注意的是，其他两张图片并不需要像第1张图片一样在开始时翻一下再回来，而是直接进行翻页，所以在复制关键帧时，只需复制与直接翻页相关的关键帧即可。

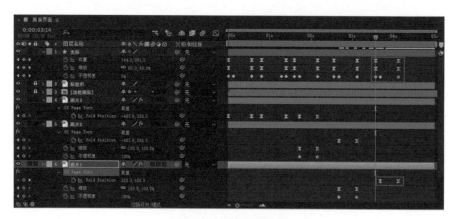
图5-201 "时间轴"面板（2）

24. 在"项目"面板中将"54301个图层"文件夹中的"图片3/54301.psd"素材拖入"时间轴"面板中，并将其调整至"卡片背景"图层上方，如图5-202所示。在"合成"窗口中将其调整至合适的位置，如图5-203所示。

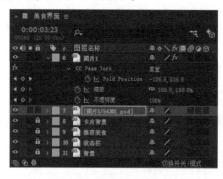

图5-202 拖入素材

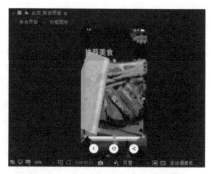

图5-203 调整素材图片的位置

25. 同时选中"图片1"图层中的"缩放"和"不透明度"属性关键帧，按【Ctrl+C】组合键，复制关键帧，如图5-204所示。选择"图片3/54301.psd"图层，将"时间指示器"移至3秒17帧的位置，按【Ctrl+V】组合键，粘贴关键帧，如图5-205所示。快速制作出该图片的缩放动画效果。

图5-204 复制两个属性关键帧（3）

图5-205 粘贴属性关键帧（4）

此处只制作了3张图片的翻页动效，在动效的最后再次制作"图片3"从隐藏到显示的动效是为了与动效开头"图片3"的翻页动效相衔接，这样在动效进行循环播放的时候就能形成一个整体。

26. 完成该图片翻页交互动效的制作，单击"预览"面板上的"播放/停止"按钮▶，可以在"合成"窗口中预览动效，如图5-206所示。也可以根据前面介绍的渲染输出方法，将该动效渲染输出为视频文件，再使用Photoshop输出为GiF格式的图片。

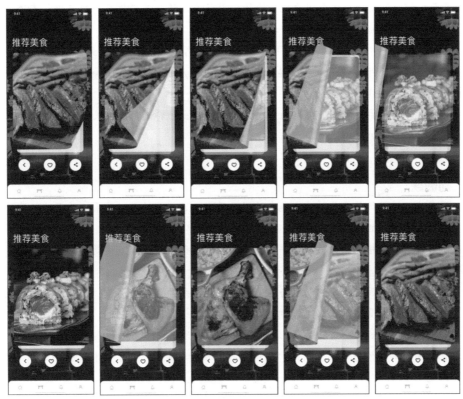

图5-206 预览图片翻页交互动效

5.5 练习题

1. 选择题

（1）以下不属于动效设计中基础变化的是（　　）。

A. 移动　　　　　B. 旋转　　　　　　　　C. 缩放　　　　　　　D. 效果

（2）（　　）是指当前界面移动到后面，新的界面移动到前面。这样能够清楚显示界面之间是如何进行切换的，而不会显得太突兀和莫名其妙。

A. 滑动效果　　　B. 对象切换效果　　　　C. 标签转换效果　　　D. 平移效果

（3）当界面之间存在父子关系或从属关系时，通常会在界面之间使用（　　　）转场动画效果。

A．弹出　　　B．渐变放大　　　C．侧滑　　　D．翻转

（4）以下关于界面转场交互动效设计要求的描述，错误的是（　　　）。

A．界面转场要自然

B．层次要分明

C．转场过渡速度不能过快，要能够清晰地展现过渡动画

D．界面转场要相互关联

（5）以下关于界面交互动效设计要点的说法，错误的是（　　　）。

A．界面中的交互动效应该令用户轻松愉悦，动效应该随交互操作而自然变化，不论是在操作发生前、过程中还是完成后，都应为用户提供引导

B．交互动效的作用是与用户互动，并使用户产生共鸣，而非令用户感到困惑甚至意外

C．出色的界面交互动效是能够唤起用户积极的情绪反应的，平滑流畅的滚动能带来舒适感，而有效的动作执行往往能带来愉悦感

D．动效设计就是要摆脱传统应用的静态设定，设计出独特的动画效果，但动画效果不能太过"个性"，这样不便于用户理解

2．判断题

（1）界面交互动效设计要能够清晰地表达界面或者内容之间的逻辑关系，并通过视觉效果直接展示用户在界面中操作的状态。

（2）滑动效果是指根据用户的操作手势，界面内容进行滚动操作，该动画效果非常适用于查看界面中列表信息的场景。

（3）渐变放大的界面转场交互动效与左右滑动切换动效的最大区别是，前者大多用在罗列信息的列表界面中，后者主要用于张贴信息的界面中。

（4）移动端的动画效果应该以功能优先、以视觉传达为核心。

（5）在界面中加入恰当的交互动效，以进行操作反馈和状态显示，这样无论逻辑有多么复杂，都能使界面更加亲切。

3．操作题

根据本章所学习的界面交互动效知识，完成一个界面转场交互动效的设计与制作，具体要求和规范如下。

＊　内容/题材/形式。

界面转场交互动效。

＊　设计要求。

根据本章所学习的知识，在After Effects中完成一个界面转场交互动效的制作，要求表现效果流畅、自然。